高等职业教育土建类专业系列教材

安全防范技术与应用

张玲　刘蕊　编

机　械　工　业　出　版　社

本书基于安全防范系统的工作过程，以“项目教学”的理念为指导思想进行编写，共分为7个模块，分别为安全监控系统，门禁系统，防盗报警系统，系统设计、设备选型及相关工作，安防系统工程的施工要求，系统调试和系统验收，系统常见故障及解决方法。

本书结构完整、内容丰富、图文并茂、学习重难点明确，不仅适用于中、高等职业院校应用电子、楼宇智能化等相关专业的学生学习使用，也可供安全防范系统相关岗位的工程技术人员培训、学习使用。

为方便教学，本书配有电子课件，凡使用本书作为教材的教师可登录机工教育服务网 www. cmpedu. com 注册下载。咨询邮箱：cmpgaozhi@sina. com。咨询电话：010-88379375。

图书在版编目（CIP）数据

安全防范技术与应用/张玲，刘蕊编．—北京：机械工业出版社，2013.10（2025.8 重印）

高等职业教育土建类专业系列教材

ISBN 978-7-111-44012-3

Ⅰ.①安…　Ⅱ.①张…②刘…　Ⅲ.①安全装置-电子设备-系统工程-高等职业教育-教材　Ⅳ.①TM925.91

中国版本图书馆 CIP 数据核字（2013）第 216552 号

机械工业出版社（北京市百万庄大街 22 号　邮政编码 100037）
策划编辑：覃密道　责任编辑：覃密道　王寅生
版式设计：霍永明　责任校对：陈　越
封面设计：张　静　责任印制：常天培
河北虎彩印刷有限公司印刷
2025 年 8 月第 1 版第 10 次印刷
184mm×260mm · 11.75 印张 · 1 插页 · 290 千字
标准书号：ISBN 978-7-111-44012-3
定价：35.00 元

电话服务
客服电话：010-88361066
010-88379833
010-68326294

网络服务
机　工　官　网：www. cmpbook. com
机　工　官　博：weibo. com/cmp1952
金　　书　　网：www. golden-book. com
机工教育服务网：www. cmpedu. com

前 言

安全防范系统是社会进步和发展的需要，其市场和技术发展都非常迅猛。社会的各个领域几乎都能找到安全防范系统的应用实例，如银行、酒店、邮政储蓄、超市、学校等。在这种形势下，对于掌握相应知识和技能的工程技术人员的需求也与日俱增。

本书从简单、实用角度出发，对安全防范系统中相关设备的选择、使用、调试方法都作了详细的介绍。除了附有大量的原理图、实物图以及部分应用实例外，还对每个内容的重点、难点做出了相应的提示，并安排了相应的实训项目，目的在于使学生更明了、更准确地对学习内容加以定位，除了掌握必要的系统理论知识外还能学到相应的技能。

本书在编写过程中，以校园新建的安全防范系统为参考，结合安全防范技术的发展趋势，填充了诸如系统设计、系统维护等多方面的专业知识，旨在使学生的知识体系更完善、职业技能更全面，力求最大限度满足岗位对学生知识和技能的要求。

本书理论与实践相结合、内容全面、图文并茂，不仅适用于中、高等职业院校应用电子、楼宇智能化等相关专业的学生学习使用，也可供安全防范系统相关岗位的工程技术人员培训、学习使用。

由于编者水平有限，编写时间仓促，书中难免有许多错误或不妥之处，敬请广大读者批评指正。同时值此出版之际，我们向参与本书编写和审定的企业专家表示感谢！

编　者

目录

前言

模块1 安全监控系统

模块1　安全监控系统

单元1　认识安全监控系统

学习目标：

1. 了解安全监控系统的现状及发展。
2. 了解不同类型的安全监控系统。
3. 掌握各类安全监控系统的特点和构成。

重点难点：

各类安全监控系统的特点和构成。

人类社会是在矛盾的对立统一中发展起来的。一定的社会经济环境必然伴随相应的社会现象和主要矛盾。随着人类社会的进步、社会财富的增长和科技水平的提高，人们的生活水平和质量有了很大的改善。然而，随之而来的多种不安全因素也在增加，安全问题已经成为整个国际社会关注的焦点，因此，近年来社会公共安全防范产业得到了迅猛的发展。

1.1　安全防范技术与电视监控系统

社会公共安全防范体系（简称安防体系）涉及人防、物防和技防（技术防范）3 大组成部分。其中，技术防范是技术含量最高、发展最快的一大分支，它涉及入侵报警、电子巡更、电视监控、出入口控制、楼宇可视对讲及证件防伪等诸多领域。电视监控系统是安全监控系统的重要组成部分，它与入侵报警系统和出入口控制系统（门禁系统）共同构成现代综合安全监控系统的三大要素。近些年来，电视监控系统在安防领域中的地位和作用日益突出，这是因为图像本身具有可视、可记录和信息量大等特点，并且对判断事件有极高的准确性（眼见为实），因此，它是报警复核、动态监控、过程控制和信息记录的有效手段。另外，电视技术与计算机技术的结合以及大量新技术的运用（多媒体技术、人工智能技术、信息处理技术、卫星定位技术等），使得电视监控系统给安全防范技术领域带来了一场新的革命。

1.2 电视技术与电视监控系统

从黑白电视到彩色电视，从模拟电视到数字电视，从普通清晰度电视到数字高清电视，电视技术发展的每一个阶段都融入了伴随时代发展的新技术。电视监控系统作为电视技术在非广播电视领域的一个重要分支，同样也得到了迅速的发展。

一般来说，电视监控系统是安防体系中防范能力极强的一个综合系统，它通过遥控摄像机及其辅助设备（电动镜头及云台等），在监控中心就可以直接观察被监控场所的各种情况。整个系统包括摄像、传输、显示和控制 4 个部分，涉及电学、光学和机械学等相关学科。由于整个监控系统自成体系，所以又被称为闭路电视（Closed Circuit Televison，CCTV）监控系统。不过，现在已经出现了利用微波或无限网桥传输信号的局部“开路”系统，经由卫星传输的远程电视监控系统也有不少应用，所以，用 CCTV 代称的“闭路”电视的范围显然“窄”了些。

随着电视图像质量的提高和高清晰度电视技术的引入，相信在不久的将来，电视监控系统将会迅猛发展。

1.3 电视监控系统的现状及发展

1. 模拟电视监控系统的现状

电视技术应用于监控系统的迅速发展，得益于图像采集和传输这两项技术的突破。早期的图像采集由光电导摄像管式的摄像机实现，体积大且笨重。而以大规模集成电路（Large Scale Integrated Circuitry，LSIC）技术为基础的电荷耦合器件（Charge Coupled Device，CCD）图像传感器摄像机具有易于大批量生产、易于质量和成本控制的特点，一经问世就成为摄像器件的主流，对电视监控系统的普及起到了极大的推动作用。

CCD 摄像机目前已处于成熟期，其灵敏度、图像分辨率、图像的还原性等指标均已达到了很高的水平。大多数摄像机都具有电源锁相、电子快门和背光补偿等基本功能，新型摄像机还采用了数字信号处理（Digital Signal Processing，DSP）技术，进一步提高了整体的性能。彩色黑白日夜两用电视机的问世弥补了彩色摄像机在红外夜视方面的不足。另外，摄像机成像面（CCD 感光靶面）的小型化并没有导致图像分辨率和灵敏度的下降，反而使 CCD 摄像机体积更小、重量更轻，且价格低、可靠性高的特点更加突出。

目前，大多数视频设备所要求的输入信号为模拟视频基带信号，采用同轴电缆传输是最为普遍的方式，它具有简单可靠、附加设备少的特点，但是模拟方式的传输要保证宽带信号具有高的信噪比和低失真是非常困难的，这一点对于宽带视频信号尤为突出。光纤传输技术开辟了通信的新时代，采用光纤传输视频信号，使无中继传输距离从同轴电缆的几百米增加到几十千米，并能得到很高的图像质量，多路传输和双向传输也容易实现，这就大大扩展了电视监控系统的应用范围和控制范围。但是，光纤传输目前在电视监控系统中的应用是非常初步的，主要受模拟视频信号传输方式和电视监控系统结构特点的限制。随着光纤技术的成熟，下一代光纤通信系统的发展，必将为电视监控系统的大型化和远程化提供有力的技术支持。

2. 数字化电视监控系统的发展

模拟视频设备已发展到很高的水平，要满足更高的要求，数字化是必然的趋势。数字信号具有频谱效率高、抗干扰能力强、失真小等优点，但是它也具有信号处理数据量大、占用资源多等问题，只有对数字信号实现有效压缩，使之在通信方面的消耗与模拟信号基本相同，它的优点才能完全展现出来。数字技术除了上面所说的特点外，与模拟技术相比还具有以下明显的优势：

① 遵循全球统一的技术标准和通信协议，可以进行跨行业数据交流和沟通。

② 有利于制定统一的工业化标准。

③ 大量摒弃非标准化设备，同时节省初始投资。

④ 大幅度减少线材电缆的投入。

⑤ 可以在不更换主要设备的情况下进行方便的功能升级。

受广播电视系统数字化进程的影响，目前电视监控系统数字化的进程也已在以下几个方面表现出来：

① DSP 的普遍应用。

② 可视电话、电视会议的广泛应用。

③ 多媒体技术在电视监控系统中开始从前台管理向后台处理发展。

数字监控和传统模拟监控之间的最大区别在于前端和控制端之间的信号传输方式。要想实现数字监控，前端输出和受控信号必须是基于 TCP/IP 的数字信号。这种传输通常基于光缆和双绞线布线，并且采用数字交换机和以太网。目前，数字监控采用的方式有两种，一种是在前端设置一台计算机，安装视频压缩卡，对摄像头采集的信号进行数字转换，再通过网卡进行传输。如果需要对云台和镜头进行控制，则必须在解码器后再加一套控制转化设备，将其接入计算机的端口，通过计算机的端口控制解码器。这种方式实现起来成本高，设备笨重，而且没有达到全数字化和工业标准。另一种是使用数字硬盘录像机监控装置，通过将多路摄像头接入该设备实现对前端的控制，并可将收集的音/视频信号转换为数字信号后进行保存和管理。但从某种意义上讲，这种方式仍然属于传统控制，在前端和硬盘录像机之间仍需要音/视频布线，从技术角度上讲，也未达到全数字化和工业标准。

由此可见，数字监控的真正实现是要将前端采集的音/视频信号和接收的云台、镜头受控信号直接转换为数字信号，从而可以在局域网或互联网的任何一台授权的计算机上对现场进行监视和控制。系统在前端主要采用两种设备：网络摄像服务器和网络摄像机。网络摄像服务器和网络摄像机均能将视频信号转换为基于以太网标准的数据包，使摄像机所拍摄的画面通过 RJ-45 以太网接口直接传送到网络上。网络摄像机相当于普通摄像机和网络摄像服务器的结合体。

总之，随着相应技术的发展，电视监控系统必将向着数字化、智能化、综合化的方向迈进。

1.4 中小型电视监控系统

中小型电视监控系统的摄像监视点数不超过 32 个点，造价大都在几万到几十万元之间。

1. 简单的定点监控系统

定点监控系统就是在监视现场安装固定摄像机（配定焦镜头），通过同轴电缆将视频信号传输到监控室内的监视器上。当摄像机的数量较多时，可通过多路切换器、画面分割器或系统主机进行监视。图 1-1 所示为简单定点监控系统的构成。

2. 简单的全方位监控系统

全方位监控系统是将定点监控系统中的定焦镜头换成电动变焦镜头，并增加全方位的云台，使每个监视点的摄像机可以进行上下左右的扫视，所配镜头也可在一定范围内变化。云台和电动变焦镜头需要由控制器或与系统主机匹配的解码器来控制。在实际应用中，不一定每个监视点都按全方位监控来设计，通常只是在监控系统中起特殊作用的监视点才配置全方位监控设备。图 1-2 所示为简单全方位监控系统的构成。

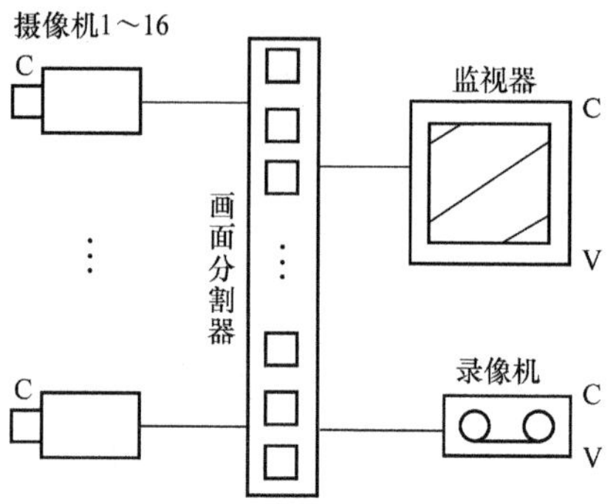

图 1-1 简单定点监控系统的构成

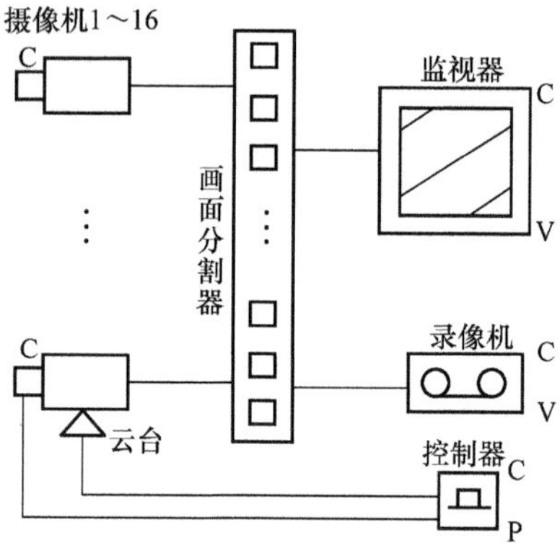

图 1-2 简单全方位监控系统的构成

3. 具有系统主机的小型监控系统

多大的系统才需要配备系统主机并没有严格的限制。一般来说，当全方位摄像机达到 3 ~4台以上时，就可以考虑使用系统主机。虽然使用系统主机会增加整个监控系统的造价，但是从布线考虑，可以大大节省线缆的数量。这是因为各解码器与系统主机之间是采用总线方式连接的。另外，系统主机大多都有报警探测器接口，可以方便地将防盗报警系统与电视监控系统统一成一体，整个系统不会显得很零乱。图 1-3 所示为采用系统主机的小型监控系统的构成。

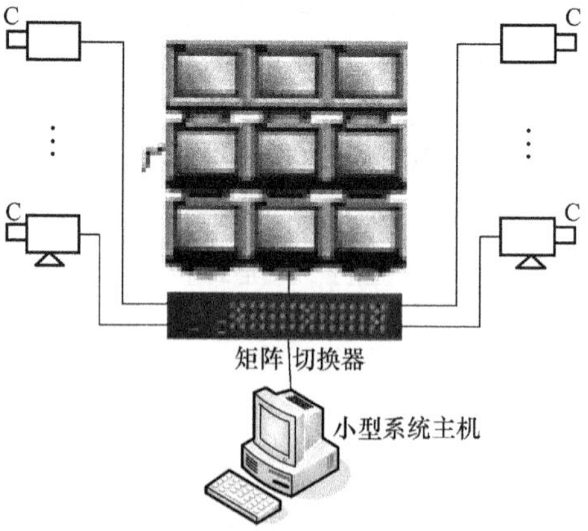

图1-3 采用系统主机的小型监控系统的构成

1.5　大中型电视监控系统

大中型电视监控系统的监视点数增多，除了包含大量的全方位监视点外，还常常与防盗报警系统集成为一体，很多系统还需要多个分控中心。“大中型”有两层含义：一是系统的规模大；二是复杂程度高，作业难度大，如多主机多级电视监控系统。

现以某高校校园电视监控系统为例介绍大中型电视监控系统的实际应用。

随着我国教育改革的不断深入，网络基础建设和计算机技术的不断发展，使得数字电视监控系统在校园安全防范管理系统中得到了广泛的应用。以北京某学院电视监控系统为例，它集实际工程使用和教学管理于一身，应用该系统，教师可向学生系统讲解数字电视监控系统的相关知识，校园保卫人员可实时监控校园内的安全状况等信息，而无须离开保卫室。系统支持多用户操作，课堂教学、校园安全监控等活动，可以在不同的场所同步进行，互不干扰。校园保安人员可以利用这套系统对校园出入口、学生食堂、实验楼、学校周边等重点部位进行安全保卫工作，防止意外事故的发生。

在校园内各重点部位设置普通彩色摄像机、第二代超级宽动态彩色摄像机、云台一体化变焦彩色/黑白转换摄像机、云台一体化变焦彩色摄像机、高速智能球形摄像机、彩色半球摄像机、电梯专用小半球摄像机，并在室外摄像机上加装室外红外灯。电视监控系统由前端摄像机、传输线路、终端数字监控主机、多媒体计算机等组成，如图1-4所示。

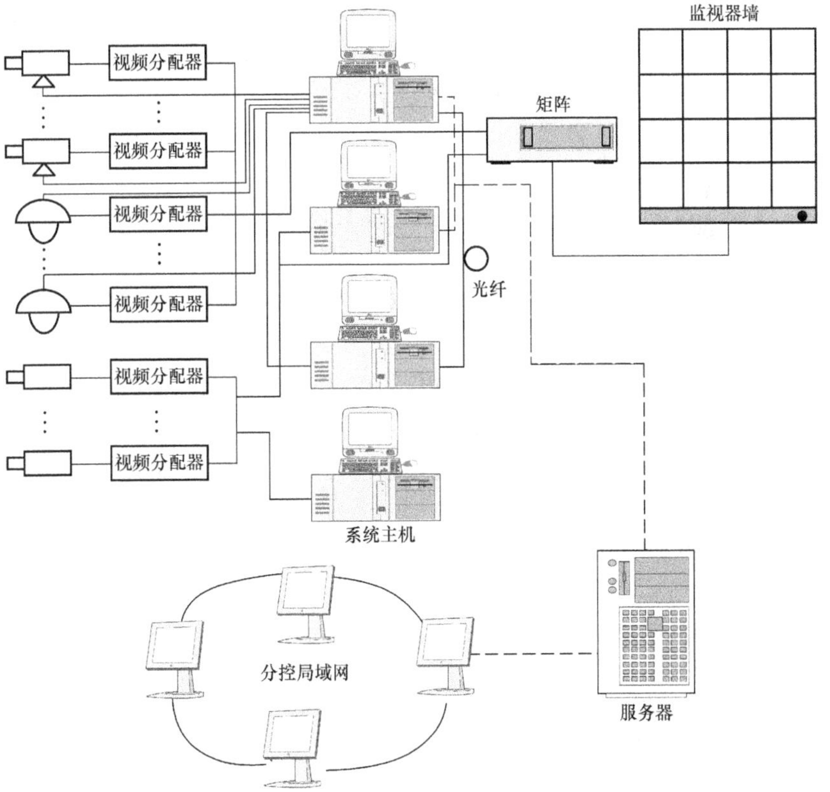

图1-4　校园电视监控系统的构成

1）实训室核心设备是2台16路数字监控主机（配置32路矩阵主机），对前端器材进行各种功能设置和控制，同时记录图像。显示部分为2台19in彩色显示器、4台34in纯平大屏幕电视、12台21in彩色监视器。通过校园新建局域网将24台学生用计算机以及分控管理计算机与数字监控主机连接，各台学生用计算机、分控管理计算机可通过授权在分控端调看任一画面，并可进行分级的远端控制。

2）在保安室设置2台16路数字监控主机，全部监控画面在2台19in彩色显示器上多画面分割显示。

3）监视点位设置。

① 在教学楼电梯轿箱内设置1台电梯专用小半球摄像机，重点监视乘坐电梯的人员。

② 在教学楼1~8层（除4层）通道两端分别设置1台普通彩色摄像机，重点监视通道内人员的活动情况。

③ 在教学楼西北角设置1台云台一体化变焦彩色/黑白摄像机，重点监视停车场情况。

④ 在实习楼东南角设置1台云台一体化变焦彩色/黑白摄像机，重点监视学校东门以及学校自行车停车处情况。

⑤ 在实习楼东北角设置1台云台一体化变焦彩色/黑白摄像机，重点监视学校东侧墙情况。

⑥ 在实习楼北门设置1台第二代超级宽动态彩色摄像机，重点监视实验楼内人员的进出情况。

⑦ 在实习楼西门设置1台半球彩色摄像机，重点监视实验楼内人员的进出情况。

⑧ 在实习楼4、5层分别设置1台云台一体化变焦彩色摄像机，重点监视各实验室内的情况。

⑨ 在宿舍楼东南角设置1台云台一体化变焦彩色/黑白摄像机，重点监视学校东侧墙以及实习楼北门情况。

⑩ 在宿舍楼东北角设置1台云台一体化变焦彩色/黑白摄像机，重点监视学校北侧墙情况。

⑪ 在餐厅东南角设置1台云台一体化变焦彩色/黑白摄像机，重点监视实习楼西门、教学楼北门以及绿地情况。

⑫ 在餐厅东北角设置1台云台一体化变焦彩色/黑白摄像机，重点监视宿舍楼门口以及门前花园情况。

⑬ 在餐厅西北角设置1台云台一体化变焦彩色/黑白摄像机，重点监视学校操场、平房区以及学校西北小门情况。

⑭ 在餐厅西南角设置1台云台一体化变焦彩色/黑白摄像机，重点监视学校操场以及平房区情况。

⑮ 在餐厅内设置4台云台一体化变焦彩色摄像机，重点监视餐厅以及礼堂内的人员活动情况。

1.6 基于网络的电视监控系统

随着21世纪的到来，各行各业对于数字化信息的需求空前高涨，大规模数字传输网络的建设为综合数字信息的传输与交换奠定了物质基础。基于网络的电视监控系统利用网络摄像机或者模拟摄像机和视频服务器来采集现场图像、记录现场声音，并利用网络来实现监控信号的传输和存储，供任何经授权客户机从网络中任何位置访问、监视、记录并打印监控信息。图1-5所示为基于网络的监控系统，图中从左到右分成前端、网络传输系统和后台3个部分。前端由3种摄像机构成：其中摄像机1～n为固定支架的模拟摄像机；摄像机1～m为带云台的模拟摄像机；摄像机1～p为网络摄像机。网络传输系统使用通用的局域网或者因特网（Internet）。

以电力系统为例，为了将全国各变电站所有设备的运行情况统一由地区电力局集中管理，电力部门在全国范围内构筑光纤传输网络，大范围的网络建设为设备状态数据的远程传输提供了保障。在无人值守变电站的实施过程中，电力部门又进一步提出对各变电站现场图像、声音的远程监视及遥控要求。根据这一要求，各变电站布置了多台全方位摄像机、监听扩音装置及各类报警传感器、系统主机等，这样每个变电站就具备一套常规的电视监控系统。把各个变电站的监控信息利用光纤传输网络传输到地区电力局管理中心进行存储，供授权用户根据需要进行访问、监视和调用。

网络监控系统除了应用于电力部门外，还广泛应用于学校、邮电系统、银行系统、连锁店、港口等不同领域。

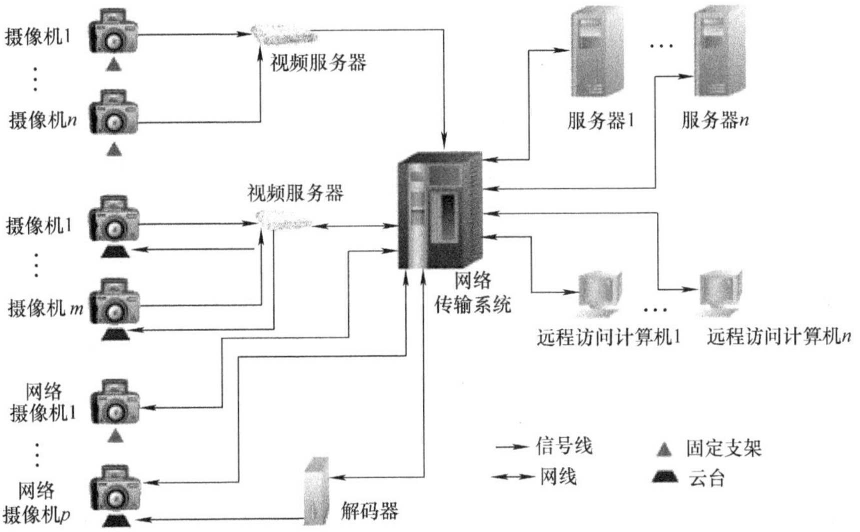

图1-5　基于网络的电视监控系统示意图

学生实训1　认识电视监控系统

1. 实训内容

1）搜集介绍电视监控系统的有关资料，对电视监控系统有初步的了解。

2）根据个人能力，对目前的电视监控系统提出一些建设性的意见和建议。

2. 实训设备

计算机，互联网。

3. 实训要求

学生在教师的指导下充分发挥主观能动性，以组为单位讨论目前电视监控系统存在的弊端和亟待解决的问题。发挥想象力，设想一下未来电视监控系统的模型和功能。

学生实训2　参观电视监控系统

1. 实训内容

1）参观校园电视监控系统，对系统有一个整体了解。

2）分组进行讨论，把所看、所想记录下来，带着问题进入以后的学习阶段。

2. 实训设备

校园监控系统。

3. 实训要求

学生参观时要细心观察，积极思考，带着问题去看，切忌走马观花。在重点部位，教师要及时提醒学生注意。分组讨论时，注意总结，多提问，这样有助于今后的学习。

单元小结

电视监控系统是安全监控系统的重要组成部分，它与入侵报警系统和出入口控制系统（门禁系统）共同构成现代综合安全监控系统的三大要素。电视监控系统包括摄像、传输、显示和控制4个部分，涉及电学、光学、计算机和机械学等相关学科。电视监控系统按照信号类型分为模拟电视监控系统和数字电视监控系统；按照信号传输类型分为闭路电视监控（CCTV）系统和网络电视监控系统；依据系统规模分为中小型和大中型电视监控系统。随着各项技术的发展，电视监控系统必将向着数字化、智能化、综合化的方向迈进。

习　题

1. 试举例说明电视监控系统在生产、生活中的作用。
2. 尝试设计一个中型超市的电视监控系统。

单元 2　闭路电视监控系统的前端设备

学习目标：

1. 了解闭路电视监控系统前端设备的构成。
2. 掌握前端设备的种类、功能和主要技术指标。
3. 掌握前端设备的工作原理、安装调试方法。
4. 会根据需要选择合适的前端设备。
5. 会安装、连接和调试前端设备。

重点难点：

1. 会根据需要选择合适的前端设备。
2. 会安装、连接和调试前端设备。

通过单元 1 的学习和参观校园电视监控系统，我们已了解了目前安全监控技术的发展，掌握了中小型电视监控系统的结构和特点。

作为获取监视现场图像资料的前端设备在整个系统中必不可少。电视监控系统的前端设备通常由摄像机、手动或电动镜头、云台、防护罩和多功能解码器等部件组成。它们各司其职，并通过有线、无线或光纤传输媒介与中心控制系统的各种设备建立相应的连接。

2.1　摄像机

摄像机是整个电视监控系统的眼睛，负责采集图像，而图像质量的好坏直接关系到整个系统应用的有效性。所以，摄像机的选型、安装和使用尤为重要。

2.1.1　监控系统中摄像机的选择

摄像机是获取监视现场图像的前端设备。不论是闭路电视监控系统还是网络化电视监控系统，摄像机的选择、使用和安装都非常关键。目前在电视监控系统中使用的摄像机绝大多数都是以 CCD 图像传感器为核心的固态摄像机。图 2-1 所示为几种常见的摄像机。

CCD 摄像机的具体工作过程为：监视现场的景物，经摄像镜头在摄像机内的图像传感器（CCD）靶面上成像，使传感器输出反映监视现场图像内容的实时电信号。该电信号再经摄像机内部电路处理后，即可输出能被监视器接收并显示且能被录像机记录的视频信号，网络摄像机则直接输出符合网络传输协议的数字视频流，并通过网络传向被授权的各远程监控终端。

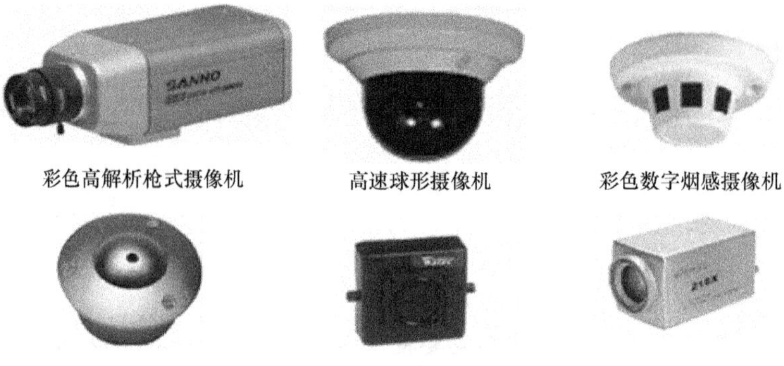

彩色高解析枪式摄像机　高速球形摄像机　彩色数字烟感摄像机

彩色飞碟摄像机　针孔摄像机　一体化摄像机

图 2-1　几种常见的摄像机

1. 摄像机的分类

摄像机的选择需要根据各类参数和应用场所综合考虑，以下是根据不同的参数和应用场所对摄像机进行的划分。

（1）按应用场所划分

1）枪式摄像机。一种非常常见的摄像机类型，可应用于固定方向监控或配合云台应用于小范围监控，如图 2-2 所示。

2）球形摄像机。一般安装在顶棚，可 360°旋转，适合于全方位监控，如图 2-3 所示。

图 2-2　彩色/黑白自动转枪式摄像机

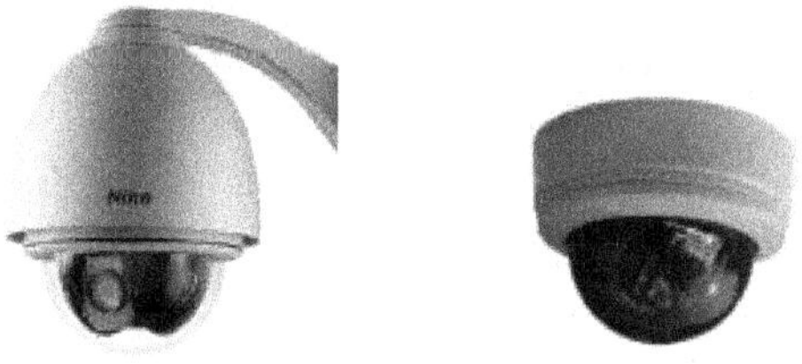

a)　b)

图 2-3　球形摄像机

a）智能高速球形摄像机　b）一体化球形摄像机

3）烟感摄像机。外形如烟雾感应器，安装在顶棚上，可实现比较隐蔽的监控，如图 2-4所示。

4）针孔摄像机。非常小巧的摄像机，有子弹头形、飞碟形、纽扣形等多种类型，可隐秘安装，用于隐秘监控，如图 2-5 所示。

5）网络摄像机。支持以太网接口，可在网络上进行监控，如图 2-6 所示。

（2）按成像色彩划分

1）彩色摄像机。适用于景物细部辨别，如辨别衣着或景物的颜色。

2）黑白摄像机。适用于光线不充足地区及夜间无法安装照明设备的地区，在仅监视景物的位置或移动时，可选用黑白摄像机。相对于彩色 CCD 摄像机来说，黑白 CCD 摄像机具有高分辨率，低照度等许多彩色 CCD 摄像机所不具备的优点，特别是其在红外光照下成像的夜视性能，使其在当今电视监控系统中仍然具有一定的市场占有率。

图 2-4 彩色烟感摄像机

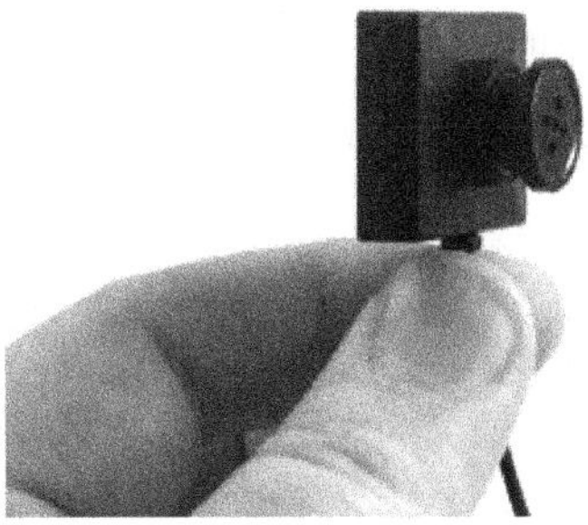

图 2-5 纽扣形针孔摄像机

图 2-6 网络摄像机

3）彩色转黑白摄像机。一般白天用彩色 CCD 图像传感器采集图像，晚上自动转成黑白 CCD 传感器采集图像。

（3）按分辨率灵敏度划分

影像像素在 38 万以下的为一般型摄像机，其中尤以 25 万像素（512×492）、分辨率为 400 线的产品最普遍。影像像素在 38 万以上的为高分辨率型摄像机。

（4）按 CCD 靶面大小划分

CCD 芯片已经开发出多种尺寸，目前采用的芯片大多数为 1/3in 和 1/4in。在购买摄像机时，特别是对摄像角度有比较严格要求的时候，CCD 靶面的大小、CCD 与镜头的配合情况将直接影响视场角的大小和图像的清晰度。以下是常见 CCD 芯片的规格：

1in——靶面尺寸为宽 12.7mm×高 9.6mm，对角线 16mm。

2/3in——靶面尺寸为宽 8.8mm×高 6.6mm，对角线 11mm。

1/2in——靶面尺寸为宽 6.4mm×高 4.8mm，对角线 8mm。

1/3in——靶面尺寸为宽 4.8mm×高 3.6mm，对角线 6mm。

1/4in——靶面尺寸为宽 3.2mm×高 2.4mm，对角线 4mm。

（5）按扫描制式划分

由于节目的彩色编、解码方式和场扫描频率不同，摄像机有 PAL 制和 NTSC 制两种。

在分辨率上，两种制式有所不同，PAL 制式使用的是 720×576，而 NTSC 制式使用的是 720×480；在扫描频率上，PAL 制式 50 场/s，NTSC 制式 60 场/s。

（6）按供电电源划分

按照供电电源划分，摄像机可以分为交流和直流供电两种。

1）交流供电摄像机。供电电压可为 AC 110V（NTSC 制式摄像机多采用此电压供电）、AC 220V 或 AC 24V。

2）直流供电摄像机。直流供电摄像机多采用 DC 12V 或 DC 9V 供电。多数微型摄像机都采用直流供电。

（7）按照度划分

按照摄像机工作时所需的照度划分，摄像机可分为普通型、月光型、星光型和红外型摄像机。

1）普通型。正常工作所需照度为1～3lx（lx，勒克斯，照度单位）。

2）月光型。正常工作所需照度0.1lx左右。

3）星光型。正常工作所需照度0.01lx以下。

4）红外型。如果采用红外灯照明，在没有光线的情况下摄像机也可拍摄图像。红外灯有室内、室外，短距离和长距离之分，一般常用10～20m范围的红外灯。图2-7所示为两种红外灯的实物图。

2. CCD工作原理

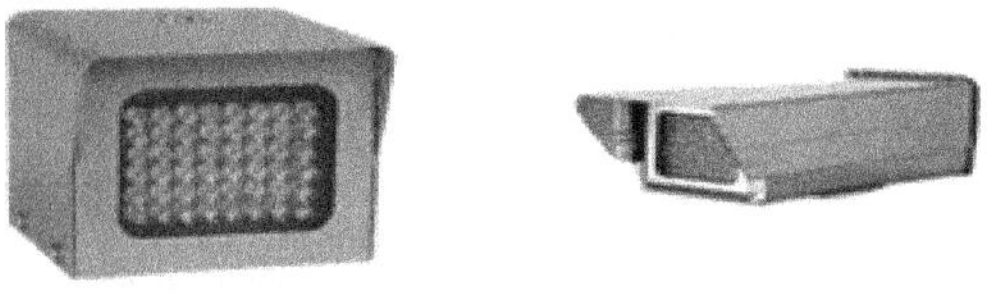

图2-7 红外灯

CCD（Charge Coupled Devices）即电荷耦合元件，相当于人的视网膜，是摄像机的核心器件，如图2-8所示。其作用是将景物光照的强弱转变成电流大小的变化，实现光电转换。它具有光电转换、光电荷存储和固体扫描三个基本功能，其中比较特殊的是固体扫描功能。

CCD由几十万个感光小单元按一定顺序整齐排列而成，称为“像素点阵列”，每个像素都可以把感受到的光线变成电信号，在相同面积的感光面上做出的像素越多，分辨图像能力就越强，所获得图像的清晰度就越高。就像一排排输送带上并列放置的小桶，光线就像雨滴撒入各个小桶中，每个小桶代表一个像素。快门由开启到关闭的拍摄过程，其实就是按一定的顺序测量某一短暂时间中，小桶中落进了多少“光滴”，并形成相应的数据文件。一般的CCD每原色的亮度用8位数据来记录，也有的是10位甚至是12位，更高的色彩位数在记录色彩时可以更精确，尤其是在光线条件比较差时，能够记录下丰富的暗部细节层次。

图2-8 CCD摄像器件

彩色CCD摄像机一直是闭路电视监控市场上的主流产品。为了能输出彩色电视信号，摄像机电路中要处理红、绿、蓝三种基色信号。因此最初的彩色CCD摄像机都是由三片CCD图像传感器配合彩色分光棱镜和彩色解码器等部分组成的。然而随着技术的不断进步，通过在CCD靶面前覆盖特定的彩色滤光材料，用两片甚至单片CCD图像传感器也可以输出红、绿、蓝三种基色信号，从而构成两片式或单片式彩色CCD摄像机。目前应用于闭路电视监控系统的彩色摄像机绝大多数都是单片式CCD摄像机。

3. 摄像机的选择

在电视监控系统中选择摄像机，一般要看几个主要的参数，即分辨率、最低照度和信噪比等，另外还要考虑摄像机的附带功能及价格和售后服务等因素。现在安全防范用的监控系统一般都采用CCD摄像机，因为它与真空管摄像机相比具有体积小、重量轻、惰性小、灵敏度高、图像均匀性好、抗冲击性好、寿命长等优点。在实际工程中，如果监视目标照度不高，而用户对监视图像清晰度要求较高时，宜选用黑白CCD摄像机；如果用户要求彩色监视时，应考虑加辅助照明装置，或选用彩色/黑白自动转换的 CCD 摄像机，当监视目标照度不能满足彩色摄像要求时，这种摄像机自动转为黑白摄像。在确定用黑白摄像机还是用彩色摄像机之后，进而要考虑的问题是摄像机的技术指标，主要如下：

（1）分辨率（清晰度）

分辨率表示摄像机分辨图像细节的能力，通常用电视行（TVL）表示，也称“线”，它取决于 CCD 芯片的像素数、镜头的分解力和摄像系统的带宽。

在监控系统中，黑白摄像机水平清晰度一般要达到 450 线左右，彩色摄像机水平清晰度要大于 350 线。

（2）CCD 芯片

CCD 芯片就像人的视网膜，是摄像机镜头的核心，市场上大部分摄像机镜头采用的是日本 SONY、SHARP、松下、LG 等公司生产的芯片，现在韩国也有能力生产，但质量稍逊一筹。因为芯片生产时产生不同等级，造成 CCD 采集图像效果也大不相同。如有高质量镀膜的 CCD 可以有效地抑制镜头的光线反射，提高采集图像质量，如图 2-9 所示。

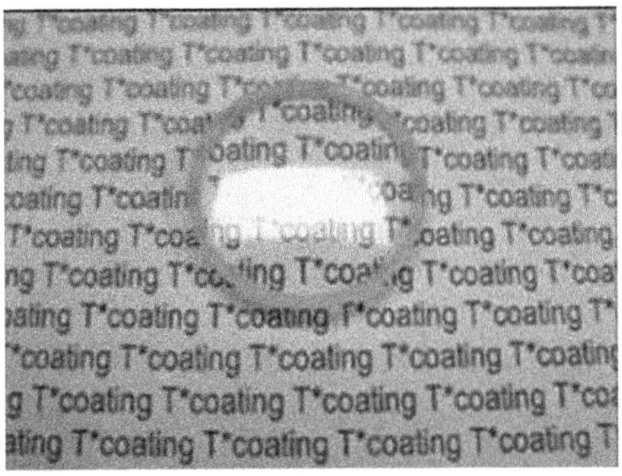

a)

b)

图 2-9 镀膜镜片可提高采集图像质量

a）镀膜前 b）镀膜后

好的 CCD 可以很好地还原景物的色彩，使物体看起来清晰自然；而残次品的图像就会有偏色现象，即使面对一张白纸，图像也会显示蓝色或红色。个别 CCD 由于生产车间的灰尘，CCD 靶面上会有杂质，在一般情况下，杂质不会影响图像，但在弱光或显微摄像时，细小的灰尘也会造成不良的后果。

值得一提的是，2003 年夏，日本索尼公司在全世界率先提出了 4 色 CCD 的概念，即在传统的红、绿、蓝 3 种基色外增加了名为“艳绿色”的近似蓝绿色的色彩，并开发出相应的 4 色 CCD 图像传感器。与此同时，还配套开发出了相应的信号处理系统 LSI（大规模集成电路）。这种 4 色 CCD 图像传感器可以使彩色成像更接近于人眼的彩色视觉特性，因而成像色彩更加逼真、自然。彩图 2-10 所示（见文前彩插）为传统 3 色 CCD 与 4 色 CCD。

两种 CCD 的成像效果比较如彩图 2-11 所示（见文前彩插）。

（3）灵敏度

灵敏度是指在镜头光圈大小一定的情况下，获取规定信号电平所需要的最低靶面照度。例如使用 F1.2 的镜头，当被摄物体表面照度为 0.04lx 时，摄像机输出信号的幅值为 350mV，即最大幅值的 50%，则称此摄像机的灵敏度为 0.04lx/F1.2。如果被摄物体表面照度再低，监视器屏幕上将是一幅很难分辨层次的灰暗图像。根据经验，一般所选摄像机的灵敏度为被摄物体表面照度的1/10时较为合适。

（4）信噪比

信噪比是指信号电压与噪声电压的比值。CCD摄像机信噪比的典型值在45～55dB之间。一般的电视监控系统中要达到50dB左右，这样不仅能满足行业标准中规定系统信噪比不小于38dB的要求，更重要的是当环境照度不足时，信噪比越高的摄像机图像就越清晰。

（5）工作温度

绝大多数摄像机生产厂家的温度指标为-10～50℃，具体应用时需要根据使用地区的温度变化加防护或特别防护。

（6）电源电压

国外摄像机交流电压适应范围一般是198～264V，抗电源电压变化能力较强；国内摄像机交流电压适应范围一般是200～240V，抗电源电压变化能力较弱，在系统中使用时一般需稳压电源。

2.1.2 摄像机的各项设置

监控系统中常用的摄像机与家用摄录像机相比功能较为简单，在使用过程中，只需根据摄像机所在的使用环境、所配接的镜头等因素，进行一些设置开关的调整即可，常用的设置如下：

1. AGC ON/OFF（自动增益控制）

摄像机内有一个能将来自CCD的信号放大到可以使用水准的视频放大器，然而在光照强的环境下放大器将过载，使视频信号畸变。当AGC ON/OFF开关在ON时，在低亮度条件下完全打开镜头光圈，自动增加视频放大器的增益，从而获得清晰的图像；在高亮度条件下，镜头光圈减小，自动降低视频放大器的增益，从而获得自然的、正常的图像。此设置多适用于环境光线变化较为明显的场合。当环境光线稳定且变化不大时，可以考虑将AGC ON/OFF开关置于OFF。

2. AWB ON/OFF（自动白平衡）

开关拨到ON时，通过镜头来检测光源的特性/色温，从而自动连续设定白电平，即使特性/色温改变也能控制红色和蓝色信号的增益。

3. ALC/ELC（自动亮度控制/电子亮度控制）

当与摄像机相配的镜头为自动光圈镜头时，需设置为ALC。当选择固定或手动光圈镜头，摄像机的设置为ALC/ELC均可。当设置为ELC时，电子快门将根据射入的光线亮度而连续、自动改变CCD图像传感器的曝光时间（一般从1/50～1/10000s连续调节）。但固定光圈镜头采用ELC方式时，图像的景深可能小于使用ALC方式时镜头所获得的景深。其次，在室外或明亮的环境下，由于ELC控制范围有限，应尽量选择选择ALC方式。

4. BLC ON/OFF（背光补偿开关）

当背景照明较强，会影响到画面中重要物体的清晰度时，应该把BLC ON/OFF开关拨到ON位置。注意：①当摄像机与云台配用或照明光会迅速改变时，建议把该开关放在OFF位置，因为在ON位置时，镜头光圈速度变慢；②如果所需物体不在图像中间时，背光补偿可能不会充分发挥作用。

5. LL/INT（同步选择开关）

此开关用于选择摄像机的同步方式。INT 为内同步，LL 为电源同步。有些摄像机还有一个 LL PHASE 电源同步相位控制器。当摄像机处于 LL 时，此装置可调整视频输出信号的相位，调整范围大概是一帧。

6. VIDEO/DC（镜头控制信号选择开关）

自动光圈镜头的自动亮度调节控制信号有两种，当需要将直流控制信号的自动光圈镜头安装在摄像机上时，摄像机应该选择 DC 位置；当需要安装视频控制信号的自动光圈镜头时，应该选择 VIDEO 位置。当选择视频控制信号驱动镜头时，还会有一个视频电平控制（VIDEO LEVEL L/H）需要调整，该控制器调节输出给自动光圈镜头的控制电平，用以控制镜头光圈的开大和缩小。

在摄像机的配件中，有一个黑色的小插头，插头有四个针，连接摄像机尾部的黑色插座。如果用直流控制信号驱动的自动光圈镜头，镜头上已经做好了插头，只要插在摄像机的黑色插座上，同时将摄像机的选择开关拨到 DC 即可；如果用视频信号驱动的自动光圈镜头，需要用户根据说明书上的标注，用烙铁焊好插头。由于各厂家定义不同，所以焊法也有区别，请安装时留意。

7. SOFT/SHARP（细节电平选择开关）

该开关用于调节摄像机输出图像是清晰（SHARP）还是平滑（SOFT），通常出厂设定在 SHARP 位置，可根据需要进行开关选择。

8. FLICKERLESS（无闪动方式设置）

在电源频率为 50Hz 的地区，CCD 积累时间为 1/50s，如果使用 NISC 制式摄像机，其垂直同步频率为 60Hz，这样将造成视觉影像不同步，在监视器上出现闪动；反之，在电源为 60Hz 的地区用 PAL 制式摄像机也会有此现象。为克服此现象，在电子快门设置了无闪动方式档，对 NISC 制式摄像机提供 1/100s，对 PAL 制式摄像机提供 1/120s 的固定快门速度，可以防止监视器上图像出现闪烁。

学生实训3 摄像机的调试

1. 实训内容

1）通过对摄像机相关知识的学习，在参观电视监控系统的过程中识别各种不同种类的摄像机。如前文中提到的普通彩色摄像机、一体化彩色/黑白摄像机、彩色半球摄像机、电梯专用半球摄像机等。

2）对不同种类摄像机的特点及应用作出简要地说明和分析。如普通彩色摄像机采集画面清晰度为 350~420 线，主要用在背景光线较好的场合，不能进行夜间无光环境下的摄像。

3）能按照使用说明对摄像机进行正确的设置。如亮度控制方式、背光补偿、增益控制方式等。

2. 实训设备

系统中用到的各种摄像机、教学用配套摄像机（三星系列）。

3. 实训要求

1）发挥主观能动性，在参观过程中能做到观察和思考相结合。

2）在运用所学知识的基础上，形成自己的见解。

3）在对设备的使用和操作过程中能做到轻拿轻放，爱护设备。

4）有团队精神，与同学间加强合作和交流。

2.2 镜头

如果把摄像机比喻为人的眼睛，镜头就好比是眼球，它直接关系到监看物体的远近、范围和效果。

2.2.1 选择电视监控系统的镜头

1. 镜头的分类

镜头是闭路电视监控系统中必不可少的部件，镜头与摄像机（机体）配合，可以将远距离目标成像在摄像机的图像传感器靶面上。一般在电视监控系统中提到的摄像机均指的是CCD摄像机裸机，因此，在实际应用中，还需根据应用场合的现场情况及用户的具体要求，选择一个合适的镜头与摄像机配套。图2-12所示为根据不同的参数和应用对镜头进行的分类。

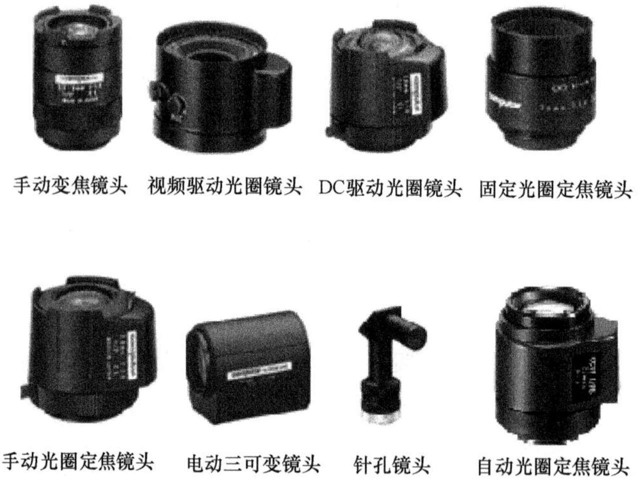

图2-12　各种不同种类的镜头

（1）按镜头安装分类

所有的摄像机镜头均是螺纹口的，CCD摄像机的镜头安装有两种工业标准，即C安装座和CS安装座。两者螺纹部分相同，但两者从镜头到感光表面的距离不同。

1）C安装座。从镜头安装基准面到焦点的距离是17.526mm。

2）CS安装座。特种C安装座，此时应将摄像机前部的垫圈先取下再安装镜头，其镜头安装基准面到焦点的距离是12.5mm。如果要将一个C安装座镜头安装到一个CS安装座摄像机上时，则需要使用镜头转换器，如图2-13所示。

(2) 按摄像机镜头规格分类

摄像机镜头规格应根据摄像机的 CCD 尺寸而定，两者应相互对应：

图 2-13 镜头转换器

① 摄像机的 CCD 靶面大小为 1/2in 时，镜头应选 1/2in。

② 摄像机的 CCD 靶面大小为 1/3in 时，镜头应选 1/3in。

③ 摄像机的 CCD 靶面大小为 1/4in 时，镜头应选 1/4in。

如果镜头尺寸与摄像机 CCD 靶面尺寸不一致时，将会出现观察角度不符合设计要求，或者发生画面在焦点以外等问题。

(3) 按镜头功能、结构分类

由于功能与结构的不同，镜头价格相差非常大，如电动变焦镜头要比普通定焦镜头的价格高约 10 倍，因此，只有正确了解各种镜头的特性，才能更加灵活地选择镜头。

1) 固定光圈定焦镜头。固定光圈定焦镜头是相对较为简单的一种镜头，该镜头上只有一个可手动调整的对焦调整环（环上标有若干距离参考值），左右旋转该环可使成在 CCD 靶面上的像最为清晰，此时在监视器屏幕上得到图像也最为清晰。

由于是固定光圈镜头，因此在镜头上没有光圈调整环，也就是说该镜头的光圈是不可调整的，因而进入镜头的光通量是不能通过简单地改变镜头因素而改变，而只能通过改变被摄现场的光照度来调整，如增减被摄现场的照明灯光等。这种镜头一般应用于光照度比较均匀的场合，如室内全天以灯光照明为主的场合，在其他场合则需与带有自动电子快门功能的 CCD 摄像机合用（当然，目前市面上绝大多数的 CCD 摄像机均带有自动电子快门功能），通过自动电子快门的调整来模拟光通量的改变。

2) 手动光圈定焦镜头。手动光圈定焦镜头比固定光圈定焦镜头增加了光圈调整环，其光圈调整范围一般可从 F1.2 或 F1.4 到全关闭，能很方便地适应被摄现场的光照度，然而由于光圈的调整是通过手动人为进行的，一旦摄像机安装完毕，位置固定下来，再频繁地调整光圈就不那么容易了，因此，这种镜头一般也是应用于光照度比较均匀的场合，而在其他场合则也需要与带有自动电子快门功能的 CCD 摄像机合用，如早晚与中午、晴天与阴天等光照度变化比较大的场合，通过电子快门的调整来模拟光通量的改变。

3) 自动光圈定焦镜头。自动光圈定焦镜头在结构上有了比较大的改变，它相当于在手动光圈定焦镜头的光圈调整环上增加一个由齿轮啮合传动的微型电动机，并从其驱动电路上引出 3 芯或 4 芯线传送给自动光圈定焦镜头，使镜头内的微型电动机相应做正向或反向转动，从而调整光圈的大小。自动光圈定焦镜头又分为含放大器（视频驱动型）与不含放大器（直流驱动型）两种规格。

4) 手动变焦镜头。顾名思义，手动变焦镜头的焦距是可变的，它有一个焦距调整环，可以在一定范围内调整镜头的焦距，其变比一般为 2 ~ 3 倍，焦距一般在 3.6 ~ 8mm。在实际工程应用中，通过手动调节镜头的变焦环，可以方便地选择监视现场的视场角，如可选择对整个房间的监视或是选择对房间内某个局部区域的监视。当对于监视现场的环境情况不十分了解时，采用这种镜头显然是非常重要的。

对于大多数电视监控系统工程来说，当摄像机安装位置固定下来后，再频繁地手动变焦是很不方便的，因此，工程完工后，手动变焦镜头的焦距一般很少再去调整，而仅仅起到定焦镜头的作用。因而手动变焦镜头一般用在要求较为严格而用定焦镜头又不易满足要求的场合。但这种镜头却受到工程人员的青睐，因为在施工调试过程中使用这种镜头，通过在一定范围的焦距调节，一般总可以找到一个可使用户满意的观测范围（不用反复更换不同焦距的镜头），这一点在室外施工中显得尤为方便。

5）自动光圈电动变焦镜头。此种镜头与前述的自动光圈定焦镜头相比另外增加了两个微型电动机，其中一个电动机与镜头的变焦环啮合，当其受控而转动时可改变镜头的焦距；另一个电动机与镜头的对焦环啮合，当其受控而转动时可完成镜头的对焦。由于该镜头增加了两个可遥控调整的功能，因而此种镜头也称为电动两可变镜头。

自动光圈电动变焦镜头一般引出两组多芯线，其中一组为自动光圈控制线，其原理和接法与前述的自动光圈定焦镜头的控制线完全相同；另一组为控制镜头变焦及对焦的控制线，一般与云台镜头控制器及解码器相连。当操作远程控制室内云台镜头控制器及解码器的变焦或对焦按钮时，将会在此变焦或对焦的控制线上施加一个或正或负的直流电压，该电压加在相应的微型电动机上，使镜头完成变焦及对焦调整功能。

6）电动三可变镜头。此种镜头与前述电动两可变镜头相比，增加了光圈（IRIS）调整电动机，因此它也包含了控制镜头焦距调整、光圈调整和对焦调整 3 个微型电动机，引出一组 6 芯控制线与云台镜头控制器及解码器相连。

配合摄像机使用，手动光圈镜头适合于亮度不变的应用场合，自动光圈镜头因亮度变更时其光圈也作自动调整，故适用亮度变化的场合。自动光圈镜头有两类：一类是将一个视频信号及电源从摄像机输送到透镜来控制镜头上的光圈，称为视频输入型（VC），另一类则利用摄像机上的直流电压来直接控制光圈，称为直流输入型（DC）。

自动光圈镜头上的 ALC（自动镜头控制）调整用于设定测光系统，可以是整个画面的平均亮度，也可以是画面中最亮部分（峰值）来设定基准信号强度，供给自动光圈调整使用。一般而言，ALC 已在出厂时经过设定，可不作调整，但是对于拍摄景物中包含有一个亮度极高的目标时，明亮目标物体影像可能会造成“白电平削波”现象，而使得全部屏幕变成白色，此时可以调节 ALC 来变换画面。

另外，自动光圈镜头装有光圈环，转动光圈环时，通过镜头的光通量会发生变化，光通量即光圈，一般用 F 表示，其取值为镜头焦距与镜头通光口径之比，即

$$F = f/D$$

式中，f 为焦距；D 为镜头实际有效口径。

F 值越小，则光圈越大，到达摄像机靶面的光通量就越大。

采用自动光圈镜头，对于下列应用情况是理想的选择：

① 在诸如太阳光直射等非常亮的情况下，用自动光圈镜头可有较宽的动态范围。

② 要求在整个视野有良好的聚焦时，用自动光圈镜头有比固定光圈镜头更大的景深。

③ 要求在亮光上因光信号导致的模糊最小时，应使用自动光圈镜头。

（4）以镜头焦距分类

1）短焦距镜头也称为广角镜头，视角 90°以上，焦距可小于几毫米，能提供一个较宽广的视野。

2）中焦距镜头也称为标准镜头，视角 30°左右，在 1/2in CCD 摄像机中，标准镜头焦距定为 12mm，在 1/3in CCD 摄像机中，标准镜头焦距定为 8mm。

3）长焦距镜头，视角 20°以内，焦距可达几米甚至几十米，此镜头可在远距离情况下

将拍摄的物体影像放大，但使观察范围变小，适用于长距离监视。

4）变焦距镜头，有手动变焦和电动变焦两类，焦距可调，使用方便。

2. 镜头的选择

镜头的选择应考虑以下几点：

（1）镜头尺寸应等于或大于摄像机成像面尺寸

例如 1/3in 摄像机可选 1/3 ~ 1in 范围内的镜头，虽然使用在此范围内的镜头水平视角的大小相同，但使用大于 1/3inCCD 的镜头能够使镜头中心光路更精确，可提高图像质量和分辨率。

（2）选用合适的镜头焦距

在实际应用中，经常会有用户提出该摄像机能看清多么远的物体或该摄像机能看清多么宽的场景等问题，这实际上由所选用的镜头的焦距来决定，因为焦距决定了摄取图像的大小，用不同焦距的镜头对同一位置的某物体摄像时，配长焦距镜头的摄像机所摄取的景物尺寸就大，反之，配短焦距镜头的摄像机所摄取的景物尺寸就小。当然，被摄物体成像的清晰度还与所选用的 CCD 摄像机的分辨率及监视器的分辨率有关。

理论上，任何一种镜头均可拍摄很远的物体，并在 CCD 靶面上成一很小的像，但受 CCD 单元（像素）物理尺寸的限制，当成像小到小于 CCD 传感器的一个像素大小时，便不再能形成被摄物体的像，即使成像有几个像素大小，该像也难以辨识为何物。

当已知被摄物体的大小及该物体到镜头距离时，则可根据下两式估算所选取配镜头的焦距：

$$f = AL/H$$

$$f = AL/V$$

式中，f 为镜头焦距；A 为摄像机 CCD 垂直方向尺寸；L 为被摄物体到镜头距离；H 为被摄物体高度；V 为被摄物体水平尺寸。

成像场景的大小与成像物体的显示尺寸是互相矛盾的，举个例子来说，用同一支摄像机对同一个停车场进行监视，选用短焦距镜头可以对整个停车场的全景进行监视并看到出入口外的车辆进出，但却不能看清该辆车的牌照号码（该车在监视器屏幕上仅占据了很小的面积）；而选用长焦距镜头虽可以看清该辆车的牌照号码（该车占据了屏幕上的大部分面积），却又不能监视到整个停车场的全貌。因此当需要既监视全景又要看清局部时，一般应考虑配用电动两可变或电动三可变镜头。当然，在选定了镜头的前提下，选用高分辨率的摄像机及监视器则可以在被监视物体成像尺寸较小时也能看清局部细节。

（3）考虑环境光线的变化

光线对图像的采集效果起着十分重要的作用。一般来说，对于光线变化不明显的环境，常选用手动光圈镜头，将光圈手调到一个比较理想的数值后就可不动了；如果光线变化较大，如室外 24h 监看，应选用自动光圈，能够根据光线的明暗变化自动调节光圈值的大小，保证图像质量。但需注意的是，如果光线照度不均匀，特别是监视目标与背景光反差较大时，采用自动光圈镜头效果不理想。

（4）考虑最佳监看范围

在实际应用中，经常听到诸如某摄像机能够“看多远”之类的问题，比如 100m、500m 甚至 1km 远的物体还能否在监视器上清晰地显示出来。关于“看多远”问题与许多因素有关，除了前面所说的镜头焦距、CCD 成像尺寸外，还和镜头的视场角有关。镜头有一个确定的视野，镜头对这个视野的高度和宽度的张角称为视场角。视场角与镜头的焦距f及摄像机 CCD 靶面尺寸（水平尺寸H及垂直尺寸V）的大小有关。镜头的焦距f越短，其视场角越大，或者，摄像机靶面尺寸H或V越大，其视场角也越大。如果所选择镜头的视场角太小，可能会因出现监视死角而漏监；而如果所选择镜头的视场角太大，又可能造成被监视的主体画面尺寸太小，难以辨认，且画面边缘出现畸变。因此，只有根据具体的应用环境选择视场角合适的镜头，才能保证既不出现监视死角，又能使被监视的主体画面尽可能大而清晰。一般来说，镜头焦距越长，看得就越远，但同时视场角却变小，使观看的范围变窄。举个简单的例子，若用标准镜头刚好看清远处某人的基本特征（是男或是女），则换用长焦距镜头则可能看清其面部特征（是否有痣或疤），但却无法看见该人穿的是什么裤子和鞋（这部分已经“涨”出了画面），而换用广角镜头则只可能看到画面中有人（连男女都分辨不出），但却可看清该人在整个监视场景中的所处的位置，周围还有什么别的人物或参照物。因此，关于“看多远”的较为科学的说法应该是“在屏幕上成的像大小可对应于实际观测距离处多高或多宽的景物”。例如，用 8mm 镜头观测 10m 远处的景物，如果该处有 10 个人站成一排则刚好可横向充满整个监视器屏幕，因为镜头焦距和水平视角成反比，因此既想看得远，又想看得宽阔和清晰，这是无法同时实现的。每个焦距的镜头都只能在一定范围内达到最佳的监看效果，所以如果监看的距离较远且范围较大，最好是增加摄像机的数量，或采用电动变焦镜头配合云台安装。

（5）镜头接口与摄像机接口要一致

镜头的安装方式有 C 型安装和 CS 型安装两种。目前监控系统中常用的摄像机和镜头通常都是 CS 型接口，CS 型摄像机可以和 CS 型、C 型镜头配接，但和 C 型镜头配接时，必须在镜头和摄像机之间加配接环，否则可能碰坏 CCD 成像面的保护玻璃，造成 CCD 摄像机的损坏。C 型摄像机不能和 CS 型镜头配接。

日本 Computar 公司的两种直接驱动型手动变焦镜头如图 2-14a、b 所示。

a) b)

图 2-14 日本 Computar 公司的两种变焦镜头

a）TG10Z0513FCS 直接驱动型手动变焦镜头 b）TG2Z3514FCS 直接驱动型手动变焦镜头

图 2-14a 产品说明：

规格：1/3in。

焦距f（mm）：5.0 ~ 50（10 倍变焦）。

接口方式：CS。

光圈F：1.3。

水平视角（°）：77.5～35.4。
最近物像距离（m）：0.4。
有效口径 Φ（mm）：（前）16.6，（后）9.0。
外形尺寸（mm）：Φ33.5×42.6×43.5。
重量（g）：48。
特征：手动调焦，无放大器，连4针插头。
图2-14b产品说明：
规格：1/3in。
焦距 f（mm）：3.5～8（2倍变焦）。
接口方式：CS。
光圈 F：1.0～360。
水平视角（°）：81.7～27.2。
最近物像距离（m）：0.3。
有效口径 Φ（mm）：（前）18.5，（后）10.1。
外形尺寸（mm）：Φ33.5×42.6×43.5。
重量（g）：65。
特征：手动调焦，无放大器，连4针插头。

2.2.2 镜头的安装、调试和使用

摄像机的使用很简单，通常只要正确安装镜头、连通信号电缆、接通电源即可工作。但在实际使用中，如果不能正确地安装镜头并调整摄像机及镜头的状态，则可能达不到预期使用效果。以下简要介绍摄像机镜头的正确安装、调试和使用方法。

1. 安装镜头

摄像机必须配接镜头才可使用，一般应根据应用现场的实际情况来选配合适的镜头，如定焦镜头或变焦镜头、手动光圈镜头或自动光圈镜头、标准镜头或广角镜头或长焦镜头等。另外还应注意镜头与摄像机的接口，是C型接口还是CS型接口，如果C型镜头直接往CS接口摄像机上旋入时极有可能损坏摄像机的CCD芯片。

安装镜头时，首先去掉摄像机及镜头的保护盖，然后将镜头轻轻旋入摄像机的镜头接口并使之到位。对于自动光圈镜头，还应将镜头的控制线连接到摄像机的自动光圈接口上，对于电动两可变镜头或三可变镜头，只要旋转镜头到位，则暂时不需校正其平衡状态（只有在后焦距调整完毕后才需要最后校正其平衡状态）。

2. 调整镜头光圈与对焦

首先关闭摄像机上电子快门及逆光补偿等开关，将摄像机对准欲监视的场景，调整镜头的光圈与对焦环，使监视器上的图像最佳。如果是在光照度变化比较大的场合使用摄像机，最好配接自动光圈镜头，并将摄像机的电子快门开关置于OFF。如果选用了手动光圈镜头则应将摄像机的电子快门开关置于ON，并在最为明亮（环境光照度最大）的应用现场，保持图像为最佳状态的情况下，将镜头光圈尽可能开大，至此镜头即调整完毕。以上调整过程中，若不注意在光线明亮时将镜头的光圈尽可能开大，而是关得比较小，则摄像机的电子快门会自动调在低速上，因此仍可以在监视器上形成较好的图像；但当光线变暗时，由于镜头

的光圈比较小，而电子快门也已处于最慢（1/50s），此时的成像就有可能是昏暗一片，达不到监控要求了。

3. 后焦距的调整

后焦距也称背焦距，指的是当安装上标准镜头（标准 C/CS 型接口镜头）时，能使被摄景物的成像恰好成在 CCD 图像传感器的靶面上，一般摄像机在出厂时，对后焦距都做了适当的调整，因此，在配接定焦镜头的应用场合，一般都不需要调整摄像机的后焦距。

但在有些应用场合，可能出现当镜头对焦环调整到极限位置时仍不能使图像清晰，此时首先必须确认镜头的接口是否正确。如果确认无误，就需要对摄像机的后焦距进行调整。根据经验，在绝大多数摄像机配接电动变焦镜头的应用场合，往往都需要对摄像机的后焦距进行调整。后焦距调整的步骤如下：

① 将镜头正确安装到摄像机上。

② 将镜头光圈尽可能开到最大（目的是缩小景深范围，以准确找到成像焦点）。

③ 通过变焦距调整（Zoom In）将镜头推至望远（Tele）状态，拍摄 10m 以外的一个物体的特写，再通过调整聚焦（Focus）将特写图像调清晰。

④ 进行与上一步相反的变焦距调整（Zoom Out），将镜头拉回至广角（Wide）状态，此时画面变为包含上述特写物体的全景图像，但此时不能再作聚焦调整（注意：如果此时的图像变模糊也不能调整聚焦），而是准备下一步的后焦距调整。

⑤ 将摄像机前端用于固定后焦距调节环的内六角螺钉旋松，并旋转后焦距调节环（对没有后焦距调节环的摄像机则直接旋转镜头而带动其内置的后焦距环），直至画面最清晰为止，然后暂时旋紧内六角螺钉。

⑥ 重新推镜头到望远状态，看看刚才拍摄的特写物体是否仍然清晰，如不清晰再重复上述步骤①～③。

⑦ 通常只需一两个回合即可完成后焦距调整。

⑧ 旋紧内六角螺钉，将光圈调整到适当的位置。

学生实训 4　镜头的安装与调试

1. 实训内容

1）通过对摄像机镜头相关知识的学习，在参观系统的过程中识别各种不同种类的摄像机镜头。

2）对不同种类摄像机镜头的特点及应用作出简要说明和分析。如手动变焦镜头的焦距是可变的，其变倍比为 2～3 倍，焦距可调整范围为 3.6～8mm。手动变焦镜头一般用在要求较为严格而用定焦镜头又不易满足要求的场合。

3）在所学知识的基础上，利用教学设备进行摄像机和镜头的组装与调试。重点在于镜头光圈和后焦距的调整。

4）摄像机和镜头安装调试好后与监视器相连，根据实际拍摄情况检测调试效果。

2. 实训设备

教学用摄像机与镜头、彩色监视器、配套连接线（电源连接线、视频连接线）、套装工具。

3. 实训方式

在参观过程中以小组为单位，对各种类型的摄像机镜头可以有选择地进行特点说明和应用分析。

在镜头和摄像机的实际安装与调试中，以小组为单位按要求完成实训任务，并自我评价效果。

4. 实训要求

1）发挥主观能动性，在参观过程中能做到观察和思考相结合。

2）在运用所学知识的基础上，形成自己的见解。

3）在对设备的使用和操作过程中能做到轻拿轻放，爱护设备。

4）具有团队精神，与同学间加强合作和交流。

5）对自我和同学的成果能给予正确的评价。

2.3　云台、防护罩和支架

在照相机行业中，人们把三脚架上端用于安置照相机的台面叫做云台。监控系统中的云台主要起支撑作用，其台面可在空间任意方向上旋转，有效增加了摄像机的空间可视范围。防护罩和支架是监控端的辅助设备，用于固定和保护前端摄像机。它们与整个监控系统之间一般不需要电气连接。

2.3.1　认识各种云台

在监控系统中提到的云台是一个可在水平及垂直两个方向上旋转的摄像机底座，里面除机械传动机构外还有电动机、继电器及相应的控制电路。它不需要三脚架的支撑而通常是以简单的支架固定在墙壁或电线杆上，有些也可直接固定在墙壁或顶棚上。图2-15所示为一种在监控系统中常见的云台。

图2-15　监控系统中的云台

1. 云台的安装与工作

云台需要通过云台支架安装于墙壁或屋顶上，在云台上方装有防护罩，摄像机及镜头安装于防护罩内，如图2-16所示。因云台安装位置所限，云台的旋转一般不能在现场通过手动调整，而只能在控制室内通过操作控制器，将控制电压通过多芯电缆直接加到云台内的低速大转矩电动机上，或者通过通信电缆控制远端的解码器，再由解码器经局部多芯电缆将控制电压加到云台的低速大转矩电动机上，从而使云台的台面在空间任意方向上旋转，有效增加了摄像机的空间可视范围。

2. 云台的种类

根据云台的转动方位，云台可分为水平云台、全方位云台和球形云台；根据云台的使用情况，云台又可分为室内云台和室外云台。

（1）水平云台

水平云台又叫扫描云台，绝大多数用于室内环境。水平云台用于固定摄像机在水平方向上进行 360°的扫描，它的体积小、重量轻，如图 2-17所示。

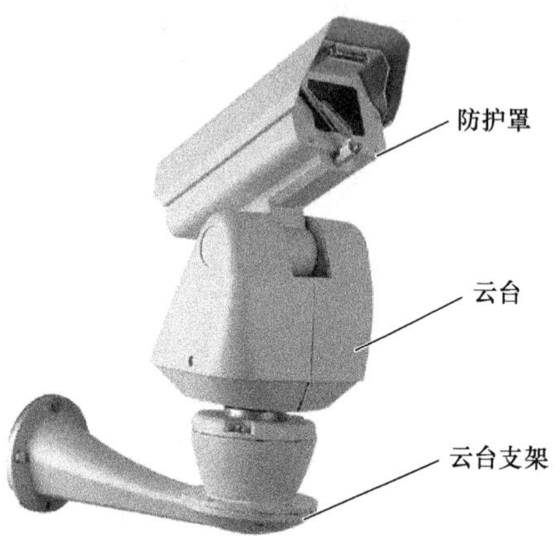

图 2-16　云台与防护罩、云台支架的安装

在云台的内部有一个能紧急起动和立即停止的低速大转矩驱动电动机，通过齿轮传动，可带动云台在水平方向上做正、反旋转，而不会出现惯性滑动。驱动电动机是云台的核心部件，一般有两个绕组。其中一组控制电动机做正向转动，另一组则控制电动机做反向转动，两个绕组配合大传动比的齿轮啮合传动，降低电动机转速，提高转矩。

（2）全方位云台

全方位云台的台面既可以水平转动，又可以垂直转动，因此，它可以带动摄像机在三维立体空间内对场景进行全方位的监视。根据使用环境不同，一般可分为室内全方位云台和室外全方位云台两大类。

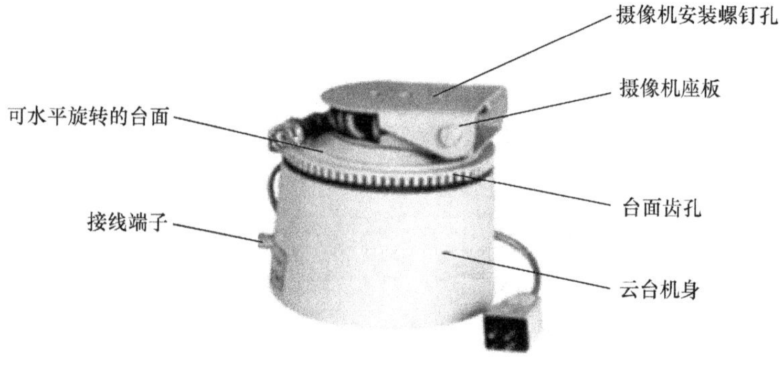

图 2-17　水平云台

1）室内全方位云台。与水平云台相比，全方位云台在水平和垂直方向上各有一个驱动电动机。两个电动机分别驱动云台的水平和垂直运动。水平运动是由一个轴上带有小齿轮的电动机与环行内齿轮啮合，使整个云台水平旋转；垂直运动是由另一个轴上带有小齿轮的电动机与一个垂直固定的普通直齿轮相啮合，以带动云台做俯仰运动。由于部件增多，云台的尺寸和重量都比水平云台高，图 2-18 所示为一种室内全方位云台的外形结构图。

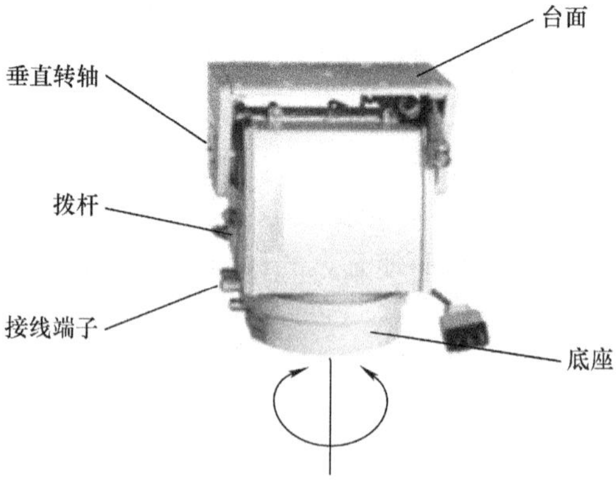

图 2-18　室内全方位云台的外形结构

根据传动结构不同，室内全方位云台可以做成各种形状，如图2-19所示。

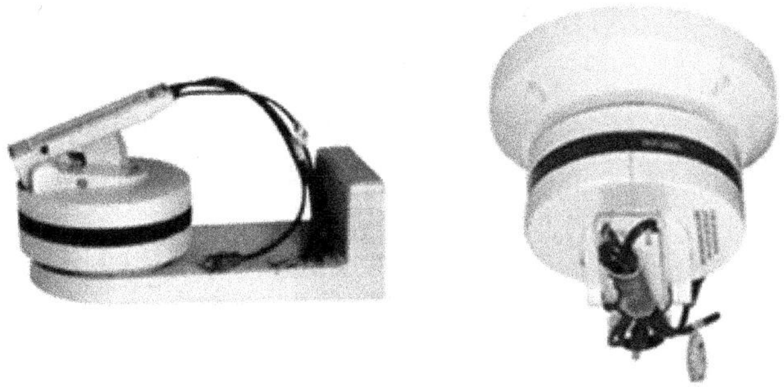

a)　　b)

图2-19　室内各种形状全方位云台

a）室内壁装式云台　b）室内顶装式云台

2）室外全方位云台。室外全方位云台从结构上看与室内全方位云台基本类似，两者的最大区别主要体现在是否具有全天候的功能。所谓全天候功能就是要求云台能在恶劣的工作环境下正常地工作。因此，为了防止驱动电动机遭受雨水或潮湿的侵蚀，室外全方位云台一般都设计成具有密封防雨功能，在云台的所有结合部位都使用了密封垫圈。

为了防止冬季雪水将云台冻结时造成的起动困难，要求云台的驱动电动机具有大转矩及扼流保护功能，以防止在云台严重冻结时强行起动而烧毁电动机。如在电动机内部装有一个热敏切换开关，一旦温度超过允许范围，该开关即自行切断电源以保护电动机。室外全方位云台承重在10kg以上，其价格比室内全方位云台高一倍以上。图2-20所示为几种常见的室外全方位云台。

图2-20　几种常见的室外全方位云台

当在容易发生爆炸的场合使用时，需要使用防爆云台。这种云台的传动机构一般使用高硬质的齿轮组及轴承，云台的连接器需采用防爆密封绝缘管状电缆套筒。

（3）球形云台

球形云台的传动机理与普通云台是一样的，但从外观结构上看，球形云台与普通云台则有很大的不同。首先球形云台都配有一体化的球形或半球形防护罩。另外，为了将云台及摄像机和电动镜头一起放置在密闭的球罩里，球形云台一般都设计成中空的托架形。当云台在三维空间任意转动时，摄像机及镜头与云台本身构成一个完整的球体。图2-21所示为一种常见的室外球形云台。

由于球形云台的外形美观，无压迫感，且不易被察觉，因而特别适合于百货公司、珠宝店、大饭店等公共场所。

以上介绍的云台都是常见的云台类型，除此之外，还有一些高档云台，它与普通云台的主要区别在于具有预置功能，其内部电动机也相应选为伺服电动机并配有相应的伺服电路。

所谓预置即相当于云台可以“记忆”某几个事先设定好的位置。由于采用了伺服电动机，这类球形云台的转速是可变的，可以及时地响应各类突发事件，快速捕捉目标。

3. 云台的原理和结构

为了控制云台的行程，云台配有行程开关，另外在旋转行程中还有两个定位卡销，如图2-22所示，它可以以5°的间隔在360°的范围内进行调整，用于调整云台的旋转控制点。左右定位卡销之间的夹角即为云台的实际旋转角度。

图2-21 室外球形云台

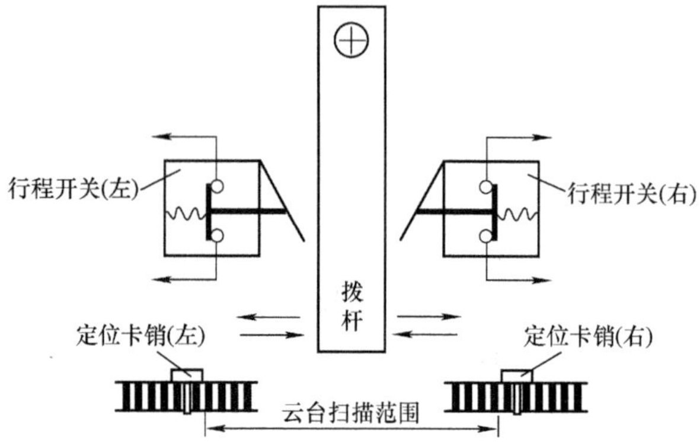

图2-22 云台拨杆、定位卡销和行程开关

当云台控制器处于手动控制状态，并且云台在旋转过程中其定位卡销触及到行程开关时，就会切断电动机电压；当处于自动（扫描）状态，并且在旋转过程中定位卡销触及到行程开关时，就会通过云台内部的继电器接通反向电压使电动机反转，从而改变云台的旋转方向。

对于全方位云台，由于云台在垂直方向上也要做大角度俯仰运动，可能会使摄像机防护罩碰到云台主体而造成损伤并可能烧毁电动机，另外在此种极限情况下起动云台时，因垂直电动机的起动转矩增加，也容易烧毁电动机，因此，云台在垂直方向的俯仰行程中也分别设有两个行程开关，其限位装置是两个与垂直旋转轴同心的凸轮，如图2-23所示。

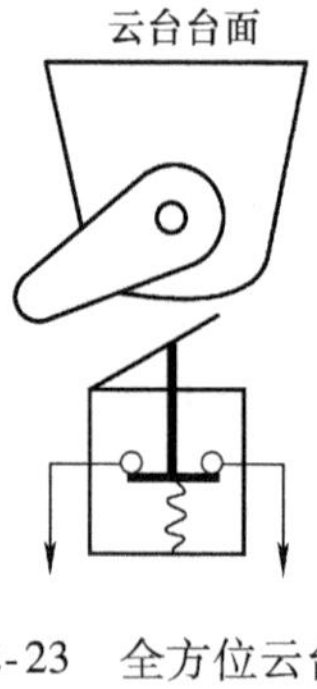

图2-23 全方位云台的垂直限位凸轮

云台的自动扫描方式是指云台可以在控制器输出的控制电压作用下做自动扫描而不需要人的干预，当其在某个方向上扫描到终端（遇到定位卡销）时，会自动回转，沿着与刚才相反的方向扫描。云台的扫描及自动回扫是由一个双稳态继电器来控制的，这里的双稳态是指继电器具有自锁功能：通电一次自锁吸合并一直保持这种状态；再通电一次则继电器触点释放。

2.3.2 能正确安装和使用云台

以室外全方位云台为例，介绍云台的操作。室外全方位云台在承揽方式上分为顶载（D型）和侧载（S型）两种。云台选用永久型重载磁同步电动机，具有云台停机保护功能，抗强风；装有高性能长寿命进口组件变速箱；D型可在两侧加装红外射灯；S型内置自动加热系统，适用于高寒地区。

1. 安装方法

第一步：将装有摄像机镜头的防护罩安装在负载板上。D型云台负载板可事先卸下来，安装好防护罩后再装在云台上。

第二步：将云台及防护罩安装在云台支架或其他支撑物上。

注意：为安全起见，支撑云台和防护罩的支架或其他支撑物至少应承受5倍云台和防护罩总的重量，选用支架承重标准值最少在40kg以上。

第三步：接线。

此云台有两个出线孔，分别是1号出线接口（云台控制）和2号出线接口（S型自动加热），具体接线图如图2-24所示。

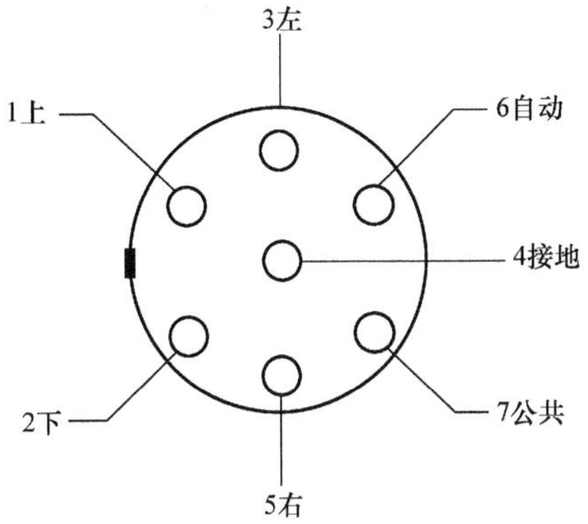

图2-24 云台控制接线图

第四步：调节水平自动挡限位。

此云台可通过手动调节水平限位，出厂时已调整好，无需再次调整。

2. 主要技术指标

全方位云台的主要技术指标见表2-1。

表2-1 全方位云台的主要技术指标

型号 指标	D型
供电电压	AC24V，AC220V，50/60Hz
工作电流	AC24V，≤1.2A；AC220V，≤0.2A
最大负载	普通型：18kg 中速M型：14kg
水平旋转角度	0°～355°
垂直旋转角度	10°～-60°
水平旋转速度	普通型≥0.028r/s；中速M型0.056r/s
垂直旋转速度	≥0.0125r/s
传动方式	齿轮减速传动
工作温度	普通型-20～65℃
相对湿度	98%
防护等级	IP66
重量	8.1kg
材料	铝合金
外形尺寸	235mm×181mm×250mm

2.3.3 防护罩和支架的安装和使用

1. 防护罩

（1）防护罩的作用

防护罩是用于保护摄像机的装置。在室内使用时，其主要作用是摄像机的密封防尘，并兼起隐蔽摄像机镜头的作用。在室外使用时，其主要作用是保护摄像机不受自然环境的侵蚀，并在高温和严寒环境中自动为摄像机吹风降温或加热升温。有些室外防护罩还具有刮水器及喷淋装置。

(2) 防护罩的种类和结构

1) 室内防护罩。室内防护罩的体积一般比较小，只要能装下摄像机及镜头、并保证引出线不拐死弯即可。为了能使防护罩美观，有的做成半球形或楔形，可以直接嵌入到顶棚内。

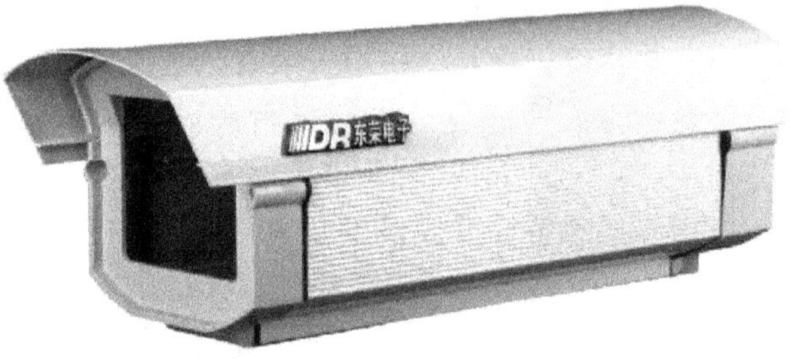

图 2-25 普通防护罩外形图

普通防护罩（见图 2-25）的材料一般有全塑、铁皮、铝合金及不锈钢等，外形有方筒形、圆筒形和椭圆筒形等。实际使用中，可以托装，也可吊装，摄像机镜头应尽可能靠近前脸玻璃，以免产生“隧道效应”。另外需要注意的是，前脸玻璃一般使用 3mm 的民用窗玻璃，它们对光线会有一定的阻挡和折射，使摄像机的低照度特性大打折扣。因此，在实际使用中，要注意考虑前脸玻璃的影响。

半球形防护罩实际上是将摄像机半卧于顶棚内，其中顶棚上部的摄像机裸露部分用防尘罩袋蒙住，下部的摄像机及镜头则用一个透明、镀铬或有色半球形有机玻璃罩盖住，如图 2-26 所示。这种防护罩外形美观占有室内空间小，很适合顶棚低而档次高的场合。

图 2-26 半球形防护罩

2) 室外全天候防护罩。室外全天候防护罩比室内防护罩大很多，且密封性、功能、强度及重量等都要优于室内防护罩，如图 2-27 所示。

由于要防止雨水渗漏，防护罩的所有结合部位都加垫了防渗橡胶垫，其出线孔也采用了橡胶导圈并采用下出口方式。防护罩的上部有遮阳板，它有两方面的功能：一是防止阳光直射镜头；二是遮阳板与防护罩之间有小的间隙，可防止阳光直射筒身而使筒内温度过高。由于室外全天候防护罩要适应一年四季各种使用环境的要求，因此室外全天候防护罩还带有自动加热及吹风装置、刮水器和喷淋器等。这些附加设备由控制电路控制。

特殊用途防护罩一般用于某些特殊场合，如防爆型防护罩、水冷型防护罩和抗压抗渗漏型防护罩等。

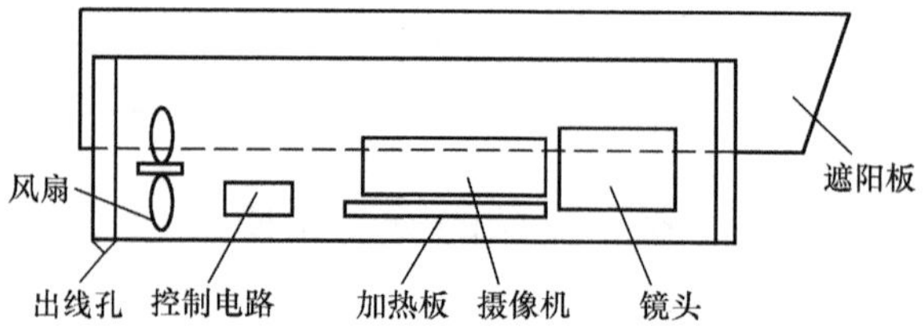

图 2-27 室外全天候防护罩的结构

2. 支架

支架主要起固定作用，根据应用不

同，可分为摄像机支架和云台支架。

（1）摄像机支架

摄像机支架一般均为小型支架，有注塑型和金属型，可用于直接固定摄像机，也可通过防护罩固定摄像机。图2-28所示为几种常见摄像机支架。

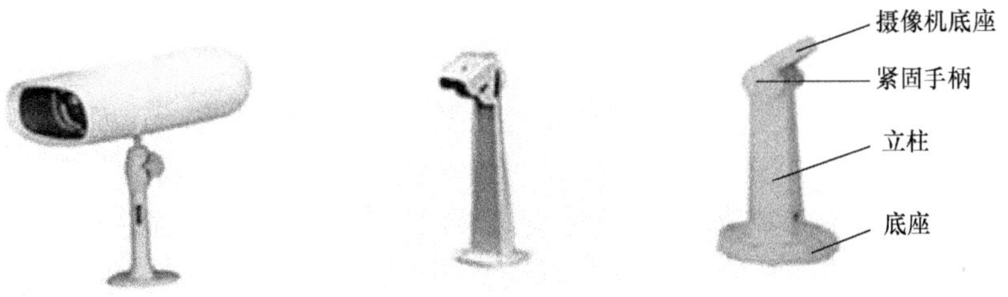

图2-28　几种常见摄像机支架

所有的摄像机支架都具有万向调节功能，通过对支架的调整，即可将摄像机的镜头准确地对准被摄现场。摄像机支架可以立装、吊装和壁装。

（2）云台支架

由于承重要求高，云台支架一般均为金属结构。考虑到云台本身已具有方向调节功能，因此，云台支架一般不再有方向调节的功能。图2-29所示为几种常见云台支架外形结构。

图2-29　几种常见云台支架外形结构

学生实训5　云台、防护罩和支架的安装与调试

1. 实训内容

1）认识室内外云台，了解其结构（以三星系列云台为例）。

2）根据所学知识，讨论选择云台、防护罩和支架时应考虑哪些问题。如对于室外环境较恶劣的环境，应选择什么类型的云台、防护罩和支架。

3）在教师指导下，以小组为单位完成室内、外云台的安装和调试。

2. 实训设备

1）室内云台、防护罩及支架。

2）室外云台、防护罩及支架。

3）工具。

3. 实训要求

学生能够独立完成实训内容，积极思考实训中所遇到的问题，发挥团结互助精神，解决问题。实训过程中，要爱护公物，实训结束后，要主动整理好实验室设备和个人物品。

2.4　解码器

2.4.1　认识解码器

在闭路电视监控系统中，解码器属于前端设备，一般安装在有云台及电动镜头的摄像机附近，通过多芯控制电缆直接与云台及电动镜头相连，另外通过通信线（通常为两芯护套线和两芯屏蔽线）与控制室内系统主机相连。解码器的功能是把主机的控制码转换成模拟信号输出；提供云台 AC 24V 或 AC 220V 电压，镜头 DC 12V 电压，辅助 AC 24V 电压；2 个辅助开关，有的还提供 DC 12V 供电。解码器是控制系统中最常用的设备，前端有一个云台或电动镜头，就需要有一个解码器。

解码器分为室内型和室外型，室外型有一个防水箱，并提供刮水器工作电压。室外解码器要做好防水处理，在进线口处用防水胶封好是一种不错的方法，而且操作简单。除此之外，解码器在使用过程中还应注意以下方面：

① 使用时必须提供给解码器 220V 电源，并且需跳开解码器的地址码以免冲突。

② 注意云台的工作电压，因为云台工作电压有 AC 24V 和 AC 220V 两种，如果与解码器配合不对，轻则无法工作，重则烧毁云台电动机，造成不必要的损失。

③ 解码器到云台、镜头的连接线不要太长，因为控制镜头的电压为 DC 12V 左右，传输太远则电压降太大，会导致镜头不能控制。

④ 解码器必须与系统主机配合使用，并且与主机选用同一品牌。这是因为不同厂家的解码器与主机间的通信协议及编码方式一般是不同的。每个解码器上都有一个 8 ~ 10 位的拨码开关，它决定了该解码器的编号，因此在使用解码器时首先必须对该拨码开关进行设置。

解码器的原理框图如图 2-30 所示。

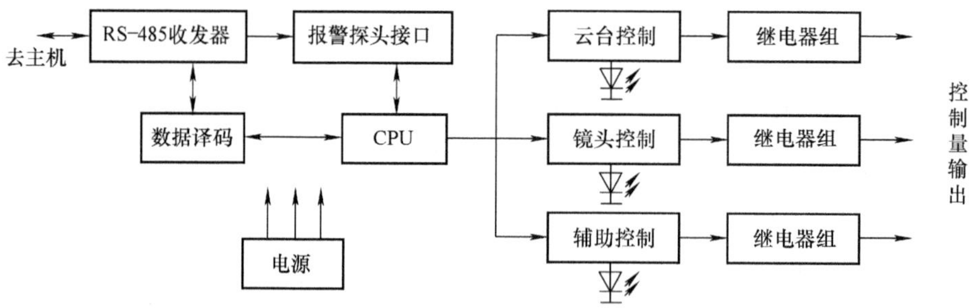

图 2-30　解码器的原理框图

2.4.2　掌握解码器的安装和调试

这里以诚丰多协议解码器和 W110 多功能解码器为例，说明解码器的结构、安装和调试方法。

1. 解码器接线板结构（见图 2-31）

端子说明：

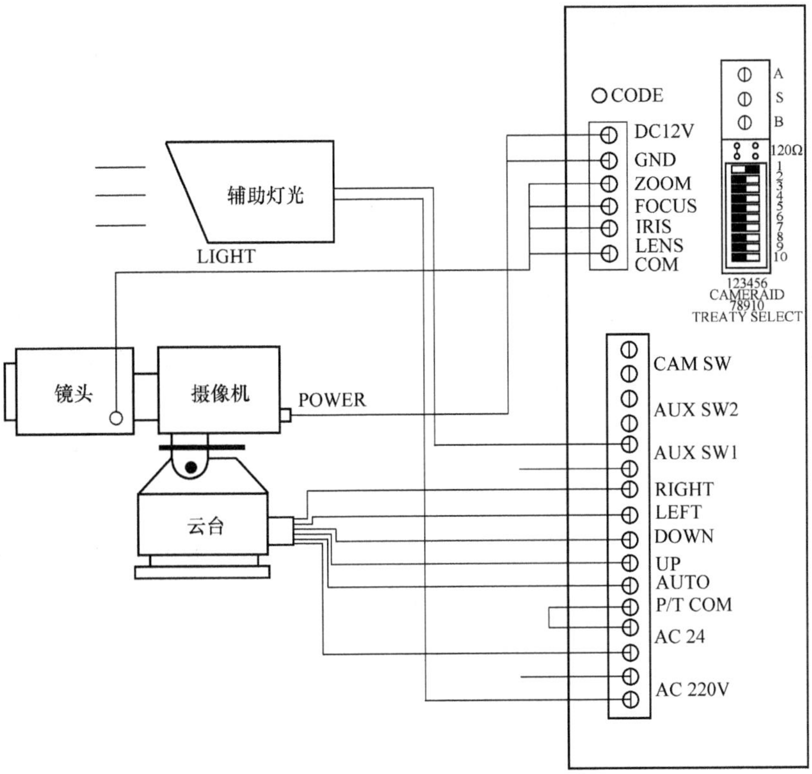

图 2-31 解码器与云台镜头等连接示意图

1）CODE：RS-485 通信指示灯，当数字硬盘录像机和矩阵主机与解码器的控制线连接正常时，指示灯亮。

2）A、S、B：RS-485 通信接口，通过屏蔽双绞线与硬盘录像机和矩阵主机的 RS-485 通信接口连接，A、B 通过双绞线对应相连，S 通过屏蔽层对应相连。

3）CAMERA ID：解码器 6 位地址码开关，1 是低位，8 是高位；ON =1，OFF =0。通过二进制编码来实现对前端设备的分别控制。

4）120Ω：RS-485 通信接口阻抗选择开关。

5）云台控制输出：UP、DOWN、LEFT、RIGHT、AUTO、P/T COM。

6）镜头控制输出：COM 为镜头公共端；ZOOM 为镜头焦距；FOCUS 为镜头变焦；IRIS 为镜头光圈。

7）电源输出：DC 12V 为 DC 12V 输出正极，供摄像机、探头等设备电源，容量为 700mA；GND 为 DC 12V 输出负极；AC 24V/AC 220V 为 AC 24V/AC 220V 电压输出端。

8）AUX SW 1/2：辅助控制开关 AUX1/2 端口。

9）CAM SW：摄像机电源控制开关端口。

2. 解码器与设备的连接

（1）解码器与硬盘录像机的连接

解码器可采用链式和星式连接，A、B 为信号端，通过双绞线与录像机端口 A、B 端对应相连；S 为屏蔽端，通过双绞线屏蔽层对应相连。录像机至解码器之间连接电缆最远距离为 1200m。架设屏蔽双绞线时，应尽可能地避开高压电路或其他可能的干扰。

多个解码器连接应在最后一个解码器的 A、B 两端之间并接一个 120Ω 的匹配电阻。

（2）解码器与矩阵主机的连接

连接方法与硬盘录像机连接方法相同。

（3）解码器与云台镜头等的连接

解码器与 AC 24V 云台、DC 12V 摄像机连接图如图 2-31 所示。

3. 解码器的设置

解码器可以与多种数字监控硬盘录像机或矩阵主机配合使用，使用拨码开关的7～10拨码可以设置解码器的通信协议，使其与数字硬盘录像机或矩阵主机设置相同。另外，在一个系统中，解码器应有不同的识别地址。设置时，应注意不能有重复的地址编码。

地址编码设置可参照表 2-2，它遵循二进制规律，将已设置的编码转为十六进制便是 W110 的地址号码。

表 2-2 解码器地址编码与拨码开关对照表

十进制	十六进制	拨码开关（左起）	十进制	十六进制	拨码开关（左起）
1	1	10000000	128	80	00000001
2	2	01000000	129	81	10000001
3	3	11000000	130	82	01000001
4	4	00100000	131	83	11000001
5	5	10100000	132	84	00100001
6	6	01100000	133	85	10100001
7	7	11100000	134	86	01100001
8	8	00010000	135	87	11100001
9	9	10010000	136	88	00010001
10	A	01010000	137	89	10010001
11	B	11010000	…	…	…
12	C	00110000	161	A1	10000101
13	D	10110000	…	…	…
14	E	01110000	172	AC	00110101
15	F	11110000	173	AD	10110101
16	10	00001000	174	AE	01110101
17	11	10001000	175	AF	11110101
18	12	01001000	…	…	…
19	13	11001000	254	FE	01111111
20	14	00101000	255	FF	11111111
…	…	…			

注：1. 开关拨至“ON”为 1，反之为 0。

2. 设置编码时，应在本装置断电状态下进行。

3. 如果设备作为云台控制设备时，需要同时有报警输入功能，那么在软件中需要添加 W110_ INPUT 设备，其地址比 W110_ PTZ（云台）地址大 100，如云台设备地址为 1，那么报警设备地址为 101。

学生实训 6　解码器的安装和调试

1. 实训内容

1）学习解码器的基本工作原理。

2）观察已完成连接的解码器的接线。

3）在教师指导下，完成万能解码器 W110 型解码器的安装。

2. 实训设备

1）W110 型解码器。

2）多芯线。

3）工具。

3. 实训要求

学生能够独立完成解码器的安装，学习过程中，要注意观察接线顺序。学生在教师的指导下，认真学习，安全操作。学生以小组为单位安装好解码器后，必须经过教师检查后方可给设备通电。

单元小结

电视监控系统的前端设备通常由摄像机、手动或电动镜头、云台、防护罩和多功能解码器等部件组成。摄像机是整个系统的“眼睛”，负责采集监控现场的图像，直接关系到系统的有效性。根据成像色彩摄像机可分为彩色、黑白和彩色/黑白；根据外观和应用场合可分为枪式摄像机、半球形摄像机、球形摄像机；依据摄像机 CCD 的尺寸可分为 1in、1/2in 和 2/3in 等。除一体机外，大部分的摄像机在使用时需要配合镜头，因此镜头和摄像机必须匹配才能到达采集图像的最好效果。根据镜头与摄像机的安装方式，镜头可分为 C 型安装和 CS 型安装；按照功能和结构，镜头可以分为固定光圈定焦镜头、手动光圈定焦镜头、自动光圈定焦镜头、手动变焦、自动光圈电动变焦镜头、电动三可变镜头等。此外，还可以根据视场大小对镜头进行分类。支架、云台、防护罩和多功能解码器是辅助镜头和摄像机更好、更全面地完成现场采图像采集的前端设备，它们各司其职。其中云台负责承载镜头和摄像机，并使其按照一定的方位转动，从而达到全方位监控的效果。云台根据使用场合可分为室内云台和室外云台；依据转动方位可分为水平云台和全方位云台。在使用云台的过程中，可通过调整云台拨杆和定位卡销的位置来限定云台的运转角度和方向。负责给云台提供工作电压、转向信号的装置为多功能解码器。解码器是前端设备和中心控制设备的接口设备，负责给附近的前端设备提供电源、并通过控制电缆将控制信号转换为模拟的电压信号，供云台、摄像机以及其他辅助设备使用。当系统中不使用云台时，可利用支架将摄像机固定在墙面或顶棚，支架中万向头结构允许摄像机变换方向和角度，但这种变换只适用于手动调节。防护罩是系统中用来保护摄像机和镜头的装置，根据使用场合分为室内防护罩、室外全天候防护罩以及其他特殊功能的防护罩。通过本单元的学习，除认识各个前端设备，掌握各个设备的种类、工作原理等理论知识外，还应能合理地选择、正确的安装和调试设备，使之达到最佳工作状态，采集到合格的图像信息。

习 题

1. 在选择监控用摄像机时，应主要注意哪些问题？

2. 学校的监控系统中用到了哪些新型摄像机，根据你所掌握的知识说明选用这些摄像机的理由。

3. 结合所学知识，根据自己的理解说明如何选择合适的镜头满足实际需要。

4. 在对镜头的调整过程中，如果要使被监看的范围尽量大，应该如何作相应的调整？如果要使被监看的目标尽可能清晰，该如何作相应的调整？

5. 云台有哪些种类？室内云台和室外云台有什么不同？

6. 云台的安装方法是什么？

7. 在选择防护罩和支架时，应注意哪些问题？

8. 总结解码器的功能。

单元3　闭路电视监控系统的中心设备

学习目标:

1. 了解闭路电视监控系统中心设备的组成。
2. 掌握监控系统中心设备的种类、功能、主要技术指标。
3. 掌握监控系统中心设备的连接、调试和设置方法。
4. 会根据需要选择和配置合适的监控系统中心设备。
5. 会连接、调试和设置监控系统中心设备。

重点难点:

1. 中心设备的种类和功能。
2. 中心设备的连接和调试方法。

通过单元2的学习，我们已经知道电视监控系统的前端设备主要任务是负责采集监视现场图像，那么采集来的图像、声音等现场信息，最终将送往哪部分系统呢？安防与保卫人员又是通过何种方式来监看、调用与保留现场图像资料呢？接下来将就这部分系统进行相应的学习。

闭路电视监控系统的中心设备主要包括监视器、硬盘录像机、矩阵、分控设备及其他视频处理设备。根据系统规模及需求的不同，这些中心设备有多种组合形式和配置方法。因此，了解这些中心设备的原理和特点对灵活组配电视监控系统，以及日后的技术维护都会是很有帮助的。

3.1　监视器

3.1.1　监视器的选择和监视器墙的构建

监视器用于显示由各监视点的摄像机传来的图像信息，是传统电视监控系统中的必备设备。对于只有几个监视点的小型电视监控系统，有时只需一个监视器即可。对于具有数十个监视点的大型电视监控系统而言，通常需要数个甚至数十个监视器，构成庞大的监视器墙，以在有限的空间内尽可能地显示各监视现场的图像。图3-1所示为常见监控中心设备。

1. 监视器的种类

监视器根据所用的显像管及所能显示的图像质量，可分为精密型、标准型和收监两用型；根据显示原理可分为CRT型、液晶型和等离子型；根据图像的色彩可分为彩色、黑白。

近些年来，由于液晶、等离子等新型显示器件的发展很快。再者基于PC多媒体电视监

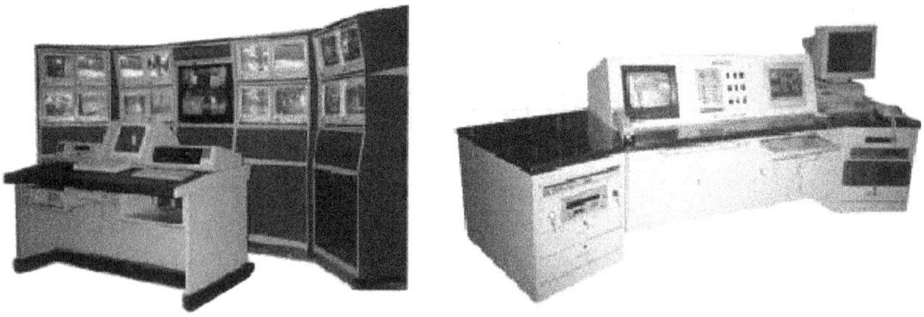

图 3-1　常见监控中心设备

控系统和数字硬盘录像系统的普及，直接利用计算机的显示器也可以实现对各摄像机画面的显示。

2. 监视器显示原理

（1）CRT 型

CRT 型也称为阴极射线管型。即利用显像管（阴极射线管）发射电子束，击打屏幕上的荧光点发光，从而进行显像。显像管是 CRT 型监视器的核心，有黑白和彩色两大类。

1）黑白显像管（见图 3-2）。黑白显像管主要由电子枪、玻璃管壳和荧光屏 3 部分组成。其中，电子枪位于细圆柱形的管颈内，具有可发射电子的阴极、可控制电子束强弱的控制栅极以及加速极、聚焦极和高压阳极等 5 个电极。由电子枪发射出的高速电子经有规律的偏转后直接冲射到表面涂覆有荧光粉薄膜的荧光屏上，使被轰击的荧光膜发光。

显像管的玻璃外壳由细长的圆柱形管颈、矩形荧光屏面和连接两者的玻璃锥体组成。为了使电子束能够扫遍整个荧光屏，还需要在显像管的管颈上加上偏转线圈，当给偏转线圈加上偏转电流时，显像管中的电子束即可发生偏转。当偏转电流为锯齿波电流时，可形成线性变化的偏转磁场，使电子束从左至右，从上至下的扫描，在屏幕上形成光栅。

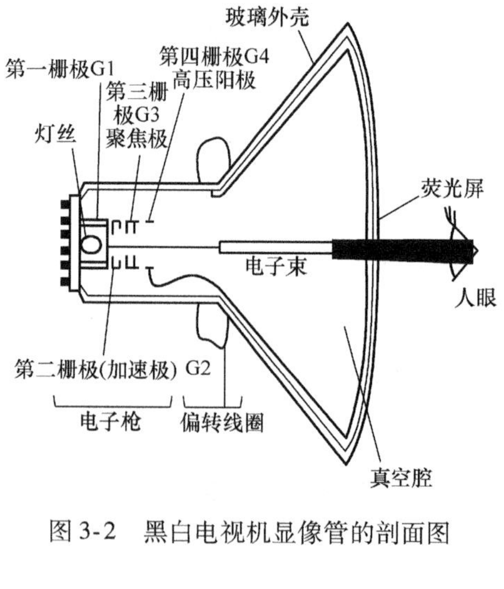

图 3-2　黑白电视机显像管的剖面图

2）彩色显像管。彩色显像管从外表上看和黑白显像管的形状是一样的，但实际上，彩色显像管的结构要比黑白显像管复杂得多，制造工艺也较困难，如图 3-3 所示。

彩色显像管在结构上与黑白显像管的区别主要表现在以下 3 个方面：

① 彩色显像管屏幕上必须涂覆 3 种分别对应于红、绿、蓝 3 基色的荧光粉，3 种荧光粉之间还需彼此不相重叠。

② 为了分别激发 3 种荧光粉发光，彩色显像管一般具有 3 个互相独立的阴极，放射出 3 种电子束。

③ 为获得彩色图像，在荧光屏的内侧靠近荧光屏的位置，还装有一块特殊结构的金属障板，称为荫罩板，上面刻有成千上万个孔。荫罩板的作用在于保证 3 种电子束共同穿过同

一个荫罩孔，以激发荧光粉，使之发出红、绿、蓝3色光。图3-4所示为两种结构的荫罩板（见文前彩插）。

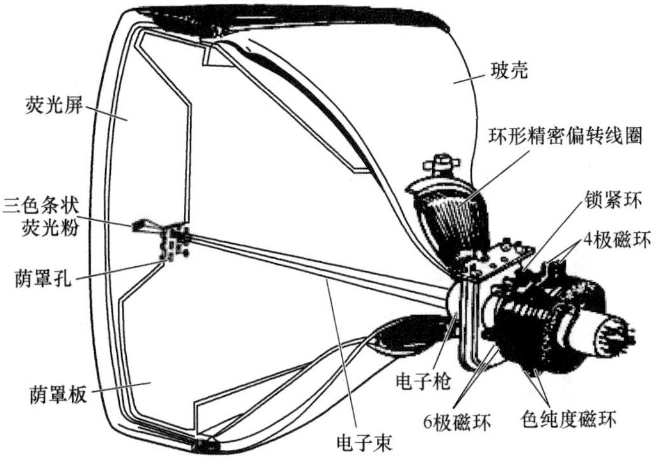

图3-3 彩色显像管构造图

但是，由于荫罩式显像管本身结构的限制，电子透过率在50%～70%左右，并且已经难以进一步提高，从而画面的亮度和对比度也不能进一步增加，所以目前在市场上的这种显像管一般只用于中低档显示器中。

荫栅式显像管在20世纪80年代开始加速发展。1982年，SONY首先把荫栅式单枪显像管引入显示器领域，实现了显示技术的重大突破，成为专业显示器的首选。荫栅式显像管的技术特点就是将荧光粉安排成跨越整个显示器屏幕的竖条状，将荫罩改为条状荫栅。这些条状荫栅由固定在一个拉力极大的铁框中的互相平行的铁线阵列组成（见图3-5，见文前彩插）。这样的设计的好处是铁线是互相平行的，在垂直方向上没有任何东西阻挡电子通过，增加了电子的透过率，使电子透过率达到95%以上，远远超过了荫罩式显像管，亮度和色彩饱和度更好，画面细腻动人，没有颗粒感，这也是荫栅式显像管显示效果出色的重要原因。

CRT型彩色监视器的原理框图如图3-6所示。

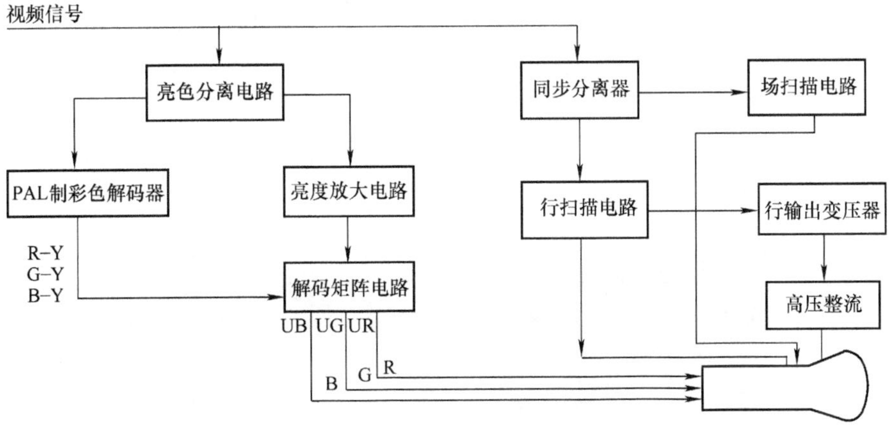

图3-6 CRT型彩色监视器的原理框图

（2）液晶监视器

物质有三态：固态、液态和气态。其实，所谓的三态只是大致的区分，有些物质的固态可以再被细分出不同性质的状态。同样，液体也同样可具有不同的“态”，其中分子排列具有方向性的液体称之为液态晶体，简称液晶。液晶是一种在一定温度范围内呈现出既不同于固态、一般液态，又不同于气态的特殊物质态，它既具有各向异性的晶体所特有的双折射性，又具有液体的流动性。一般可分热致液晶和溶致液晶两类。在显示应用领域，使用的是热致液晶，超出一定温度范围，热致液晶就不再呈现液晶态，温度低了，出现结晶现象，温度升高了，就变成液体。图 3-7 所示为三种状态的分子排列示意图。

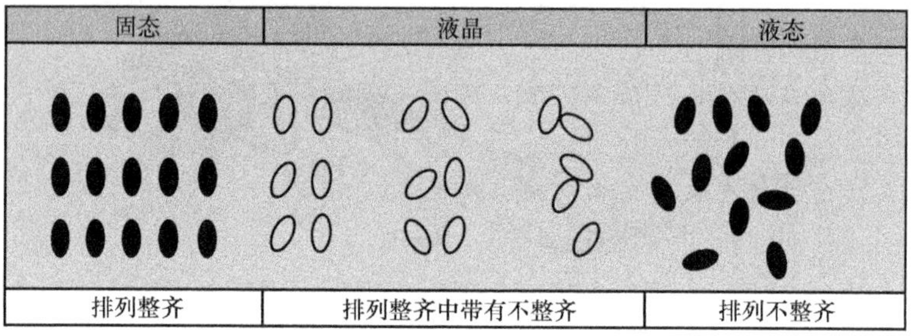

图 3-7　三种状态的分子排列示意图

液晶显示器简称 LCD，是以两块玻璃片中填满液晶材料所构成的。由于液晶具有黏性、弹性和极化性，因此当电极通过就会改变偏光的特性。为了使 LCD 能显示影像，在 LCD 的两块玻璃片中间的顶部和底部排列互相成为 90°的导体，每一个交叉点就是一个单元，透过信号输入至每一个单元，因此就能控制影像的显示。目前液晶显示器可分成 3 大种类，分别是扭转向列型（简称 TN）、超扭转向列型（简称 STN）和彩色薄膜型（简称 TFT）。

液晶监视器（见图 3-8）使用的显示器件是 LCD 而非 CRT，采用的是薄膜晶体工艺。其自身显示方式为数字方式，通常设有两种类型的接口：

图 3-8　液晶监视器

1）VGA 接口（见图 3-9），可将计算机输出的模拟信号在其内部经过 A-D 转换为数字显示驱动信号。VGA 接口是一种 D 形接口，上面共有 15 针孔，分成三排，每排五个。其中，除了 2 根 NC（Not Connect）信号、3 根显示数据总线和 5 个 GND 信号，比较重要的是 3 根 RGB 彩色分量信号和 2 根扫描同步信号 HSYNC 和 VSYNC 针。引脚定义详见表 3-1 所示。

2）复合视频及 Y/C 视频数字信号接口（见图 3-10），将输入的模拟视频信号经内部转换后形成数字显示驱动信号。

图 3-9　VGA 接口与引脚编号

表3-1 VGA接口引脚定义

引 脚	信号定义	信号描述
1	RED	红基色信号
2	GREEN	绿基色信号
3	BLUE	蓝基色信号
4，11，12，15	ADDRESS ID	地址码
5	SELF-TEST	自测试信号
6	RED GND	红基色信号地
7	GREEN GND	绿基色信号地
8	BLUE GNDRE	蓝基色信号地
9	RESERVED	无定义保留
10	DGND	控制信号数字地
13	HSYNC	水平（行）同步信号
14	VSYNC	垂直（帧）同步信号

图3-10 复合视频接口及连接线

LCD的像素数是固定的，例如15in的LCD的像素数大都为1024×768，17in的通常都为1280×1024。

液晶监视器没有普通CRT显示器那样可感觉到闪动，但主要缺点在于视角窄，最佳观看角度是屏幕的正面。当在侧面观看，图像可能会变暗，彩色可能漂移，有时甚至会看到反图像。

（3）等离子显示器

等离子显示器（见图3-11，图3-12）又称电浆显示器（PDP），是继CRT（阴极射线管）、LCD（液晶显示器）后的最新一代显示器，其特点是厚度极薄、分辨率高；可以制造出超大尺寸的平面显示器（50in甚至更大）；与CRT显示器不同，它没有弯曲的视觉表面，从而使视角扩大到了160°以上；分辨率超过传统的显示器，所显示图像的色彩也更亮丽，更鲜艳。

等离子显示器是一种利用气体放电原理显示的输出设备，这种屏幕采用了等离子管作为发光元件。大量的等离子管排列在一起构成屏幕，每个等离子对应的每个小室内部充有氖氙气体。在等离子管电极间加上高压后，封在两层玻璃之间的等离子管小室中的气体会产生紫外光，从而激励平板显示器上的红、绿、蓝3基色荧光粉发出可见光。每个离子管作为一个像素，由这些像素的明暗和颜色变化组合，产生各种灰度和色彩的图像，与显示像管发光相

图 3-11 62in 等离子显示器

似。等离子体技术同其他显示方式相比，在结构和原理方面存在根本的区别。它的工作机理类似普通荧光灯，等离子显示器的 3 层结构如图 3-13 所示（见文前彩插），一般由 3 层玻璃板组成。在第一层的里面是涂有导电材料的垂直条，中间层是灯泡阵列，第三层是表面涂有导电材料的水平条。要点亮某个地址的灯泡，开始要在相应行上加较高的电压，等该灯泡点亮后，可用低电压维持氖气灯泡的亮度。关掉某个灯泡，只要将相应的电压降低。灯泡开关的周期时间是 15ms，通过改变控制电压，可以使等离子板显示不同灰度的图形。总之，等离子屏幕的彩色图像由各个独立的荧光粉像素发光综合而成，因此图像鲜艳、明亮、干净而清晰。

图 3-12 NEC 61XM1 大屏等离子显示器

3.1.2 监视器与其他设备的连接

以某学院的监控系统为例，控制中心监视器墙由 12 台三星 21in 彩色纯平监视器（见图 3-14）和 4 台东芝 34in 大屏幕电视（见图 3-15）组成。

技术参数：

- 特别为监控系统设计
- 优质纯平显像管
- 分辨率：500线
- 4路复合视频输入（可自动切换）/1路复合视频输出
- 4路音频输入/1路输出
- 1路录像机视频输入/1路录像机音频输入
- 屏幕显示菜单
- 金属外壳
- 90~260V特宽电压

图3-14 三星21in彩色纯平监视器

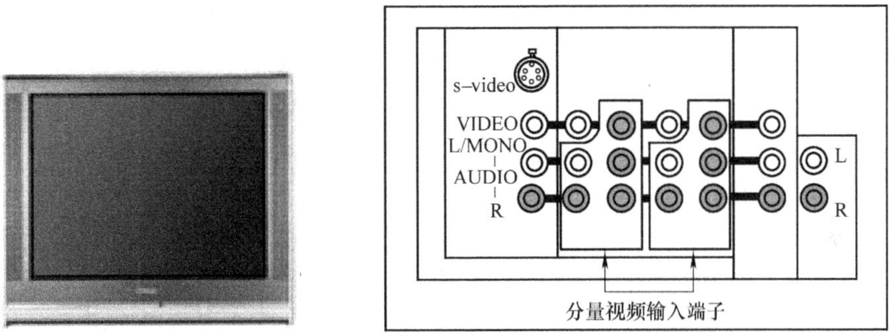

a) b)

图3-15 东芝34in大屏幕电视

a）正面 b）背面

监视器墙与其他中心设备的连接比较简单，主要通过监视器后的视频输入端子（Video-In）与其他设备（如数字硬盘录像机、矩阵、画面分配器、画面分割器等）连接。也可根据需要加入显示器分配器（Video-VGA），以实现硬盘录像机和监视器对于一路视频信号的共享。

在有监听的系统中，如银行ATM自动柜员机服务系统，需要对监视器的音频输入端子（Audio-In）与其他设备（如音箱、扬声器等）进行连接。在连接时，需要注意的是左（L）、右（R）声道的区分，避免接反。

在对输出显示图像要求较高的场合，可以利用当今数字化电视的分量视频信号输入端子（Y，R-Y，B-Y）或（Y，R，G，B）进行相应的连接和菜单设置，以达到高质量图像输出的效果（注：利用分量视频信号输入端子输入视频信号时，视频信号输入端子（Video-In）不用连接）。

学生实训7 监视器的认知和使用

1. 实训内容

1）参观学校闭路电视监控系统的监视器及监视器墙设备。

2）利用教学设备进行监视器和其他设备的连接练习。如监视器和摄像机的连接、监视器和硬盘录像机的连接、监视器和显示器分配器的连接、监视器和矩阵的连接。

3）自我、互相间对连接效果进行检验和测试，并给出评价。

2. 实训设备

教学用设备（摄像机、监视器、数字硬盘录像机、矩阵、显示器分配器）一套，连接线若干，套装工具。

3. 实训方式

以小组为单位进行参观和连接练习，并在小组内给出自我及对其他人连接效果的评价。

4. 实训要求

1）参观过程中集中注意力，并保持良好的秩序。

2）连接练习过程中爱护设备，对设备及连接线轻拿轻放，避免野蛮操作。

3）养成连接后先检查再通电的好习惯。

4）实训完成后按要求整理实训场地。

3.2 数字硬盘录像机

数字硬盘录像机（Digital Video Recorder，DVR）如图3-16所示，顾名思义，采用数字视频记录技术，并以硬盘作为存储介质，集画面分割器、视频切换器、磁带录影机、控制器、远程传输器的全部功能于一体，本身可连接报警探头、警号，还可进行图像移动侦测、通过解码器控制云台和镜头、通过网路传输图像和控制信号等，所以成为闭路电视监控系统控制中心必不可少的设备之一。

a) b)

图3-16 数字硬盘录像机

a）工控式16路数字硬盘录像机 b）嵌入式8路数字硬盘录像机

3.2.1 数字硬盘录像机的选择

1. 数字硬盘录像机的种类

根据数字硬盘录像机系统结构及其实现方式的不同，目前在电视监控系统中应用的数字硬盘录像机大致可分为如下三类：

（1）计算机插卡型（见图3-16a）

这类产品是在计算机内插有一块或多块视频采集卡，可同时或轮换采集多只摄像机送来的视频信号，工作环境绝大多数都选定为Windows平台，但也有个别机器选定Linux平台，压缩方式为卡上硬件压缩或通过软件压缩，并将压缩后的视频图像存储在硬盘上。从压缩的方式上来说有 JPEG 型，MPEG-1 型，MPEG-2 型，MPEG-4 型等。由于个别用户有可能在其他渠道购买到同样型号的视频采集卡，因此，插卡型硬盘录像机的录像软件一般都配有“加密狗”。

（2）计算机改装型

这类产品是插卡型产品的变种，它通常是由生产厂商自行开发生产出全新的机壳，再将计算机板卡及视频采集板卡装在机壳内。因此它比插卡型更能够适应各种工作环境，适应性和可靠性都较高。但其研发成本稍高一些，基本功能也和插卡型差不多。目前此类产品主要来自韩国及中国台湾。

（3）嵌入式专用机型（见图 3-16b）

这类产品直接利用嵌入式 CPU 及 RAM 在底层进行板卡及产品的开发设计，采用嵌入式操作系统和硬件压缩技术，运行固化的硬盘录像应用软件，可外接计算机显示器以 VGA 方式显示画面，或外接普通视频监视器。这种硬盘录像机没有 Windows 操作平台，因此不需要鼠标操作，但可在机器面板上操作按钮或通过遥控板对机器进行设置和控制，机器的运行状态信息也都可以在面板上的液晶显示屏或数码显示器上显示出来。由于采用一体化设计，因而机器的品质及稳定性、图像的存储速度、分辨率及画质等都有较大改进。

2. 数字硬盘录像机的选择

（1）外观界面的选择

大多数数字硬盘录像机（DVR）选择了工控机箱作为外壳，外观及丝印要精致美观，将软驱和电源开关用机械锁锁起来的款式对减少人为故障有一定帮助。如果能打开机盖，应注意观察一下用的什么风扇和电源，像奔腾ⅢCPU 上的专用风扇平均无故障工作时间在 3 年以上，而一般风扇平均无故障工作时间很难确定，这对每天都连续开机的数字硬盘录像机而言是一个故障隐患，另外，还要考虑接线方式是否可靠便利。为了操作方便，界面应是汉化的，将主要功能都能一目了然地反映在主界面上，建议选择看上去专业、漂亮、操作直观的界面。

（2）功能方面的考察

数字硬盘录像机的功能主要包括监视功能、录像功能、报警功能、控制功能、网络功能、身份识别功能、工作时间表功能及多功同时工作功能等，下面分别作简单介绍。

1）监视功能。监视功能是矩阵主机和数字化主机最主要的功能之一。监视功能无非是看全、看清楚现场的景物，必要时应该有声音，主要通过清晰度、画面实时程度和显示形式来决定监视的效果。

一般图像超过 17 帧/s 时肉眼看上去是比较实时的图像，而柜员制和一些特殊的监控场所要求图像要达到 25 帧/s 或更高，通常可做一些手的快速动作来观察此功能，比如快速数数、拍手等，还可以通过录像的逐帧回放来看两帧图像的时间间隔，如 25 帧/s 对应于两帧图像的时间间隔 0.04s。

显示形式一般有 1、4、7、9、10、16 等画面分割形式，也可将画面切到全屏。每一路的亮度、对比度、色彩、饱和度等参数都应是连续可调的，否则在多画面时因为光线不均等原因无法很好观看，这也是数字硬盘录像机优于普通画面分割器的地方。全屏显示时，可以比较准确地反映画质、录像速度及显卡质量。

2）录像功能。显示器上看上去实时、清晰的图像，录制并回放效果不一定好。而监控录像作为取证最主要的还是要看录像效果，一般情况下录像效果比监视效果更重要。

清晰度和实时程度的观察方法和监视效果相似。单位时间录像所用硬盘空间及单幅画面的硬盘空间也是反映录像效果的最主要参数。该指标对录像时间长短和网上传输图像的速率都有很大影响。一般标准 MJPEG 格式，每小时每路 25 帧/s，容量大约为 450MB，而 MPEG 格式需要大约 250MB。

MJPEG 方式是对每帧图像的全部信息进行压缩记录，其图像清晰度高、资料完整、可信度高，是国外厂家（如三菱、松下、LG、三星、VISTA 等）普遍采用的方式。MPEG 方式只对前后二帧图像的变化部分进行压缩记录，其图像清晰度稍差，一帧完整的图像是前后合成得到的，可信度稍差，其录像格式通用，易被篡改，但这种方式占用空间小，建议用在工业监控等内部管理的场合，而在保安等需要公正证据的场合采用 MJEPG 方式为好。

另外有一些品牌的数字硬盘录像机具备报警录像和画面动态侦测录像的功能，它可以将和报警无关的信息滤去不录，大大减低对存储容量的要求。有些主机还具备报警后自动增加录制帧数的功能，这对有效信息的存储也很有帮助。

3）报警功能。硬盘录像机的报警信号来自于前端探测器和画面动态侦测报警，当检测到报警信号后，数字硬盘录像机会自动开启录像功能，并通过报警输出功能开启相应的警灯、警号并向联网终端输出报警信号。画面动态侦测报警是数字监视所独有的功能，可以方便地设定视频触发区域和灵敏度，在一定意义上可以起到探测器的作用。各种报警结果在硬盘录像机中有都明确记载。

4）控制功能。监控功能主要指通过主机对摄像机全方位云台、镜头进行控制，这一般要通过专用解码器完成，主要观察操作是否灵活可靠。

5）网络功能。通过局域网或电话线等经过简单身份识别可以对主机进行各种监视录像控制的操作，主要观察接通速度和监视录像效果及是否影响其他软件的运行。这相当于矩阵系统的分控功能。

6）身份识别功能。为减少系统的故障率和非法进入，对于停止录像、布撤防系统及进入编程等程序需设密码口令，使未授权者不得操作。

7）工作时间表功能。可对某一摄像机的某一时间段进行工作时间编程，这也是数字硬盘录像机独有的功能，它可以把节假日、作息时间表的变化全部预排到程序中，可以在一定意义上实现无人值守。

8）多功同时工作功能。系统可以具有同时监视、录像、回放、网络传输、备份的功能，互不影响。

（3）稳定性、耐久性方面的考察

数字硬盘录像机的稳定性、耐久性主要从两方面考察：

1）从软硬件配置上来考察数字硬盘录像机。

① 硬件。硬盘录像机均为多路输入，硬件可采用多卡或单卡方式。由于数字硬盘录像机基本上都是基于 PC，且多以 Windows 为操作平台，因此采用单卡方式集成度高，稳定性会优于多卡方式；有时为了提高性能（如提高录影速度），必须采用多卡方式，但一般而言，使用的采集卡越少越好。此外，设备的散热问题也是需要考量的因素。

② 软件。硬盘录像机的软件必须通过长时间的运行和操作来验证。在利用数字硬盘录像机为系统主机的视频监控系统中，视频监控软件是必不可少的，普通用户需要使用视频监控软件进行日常的监控功能应用，系统管理员更需要使用视频监控软件对监控系统中所有的硬件软件资源进行全面的管理和维护，因此，视频监控软件是以数字硬盘录像机为系统主机的第三代视频监控系统的重要配置之一。现在国内视频监控市场中存在两种类型的视频监控软件，一种是免费的视频监控软件，由监控设备制造商免费提供；另一种是专业的视频监控软件，由专业的视频监控软件开发商收费提供。近几年来，虽然市场中各品牌的专业视频监控软件已经很成熟，但是在国内大多数的视频监控系统仍然在使用由设备制造商提供的与设备配套的视频监控软件，由于设备厂家的不同，因此监控软件也各不相同。尽管各个厂家的监控软件在界面设计等方面各有不同，但基本的监控、控制功能类似，因此通过软件考察系统的稳定性，主要通过软件的操作和长期运行的稳定性来衡量。

2）从使用上来考察数字硬盘录像机。任何产品随着时间、环境等的变化都可能产生很多预想不到的问题，数字硬盘录像机也不能例外，应尽量更多地向熟悉和使用过该机器的人了解如下情况：

① 随着时间的推移：

a. 有无死机现象，这是很多数字硬盘录像机的致命弱点。

b. 风扇、硬盘的寿命到底有多长。

c. 有无莫明其妙地丢失信息的现象。

d. 整个系统的平均无故障时间是多长。

e. 是否会有误报警现象出现。

② 随着环境的变化：

a. 电压不稳定时（180~250V 范围内）对系统工作的影响。

b. 湿度、温度、尘埃对系统正常工作的影响。

c. 雷电是否造成内部电路损坏。

d. 周围各种电气干扰是否会影响主机正常工作。

e. 突然来电、断电及不正常操作对系统的影响有多大。

3.2.2 数字硬盘录像机与其他设备的连接

图3-17a 所示为一款典型的工控式数字硬盘录像机的后面板接口图。

在实际使用过程中，只需要根据各接口的功能连接相应的设备即可。其中，值得一提的是 COM 接口，有的机型会配置两个，一个用来接“加密狗”（ 防盗版装置），另一个用来接 RS-485 转换器（数据转换传输装置）；视频采集卡接口可根据实际视频信号的接入路数进行扩展。除此之外，所有接口在实际连接过程中，只需将对应接口与对应设备相连接即可。

图3-17b 所示为一款典型的嵌入式数字硬盘录像机的后面板接口图。该数字硬盘录像机连接简单，并能与报警系统相结合，具有报警输入、输出接口。

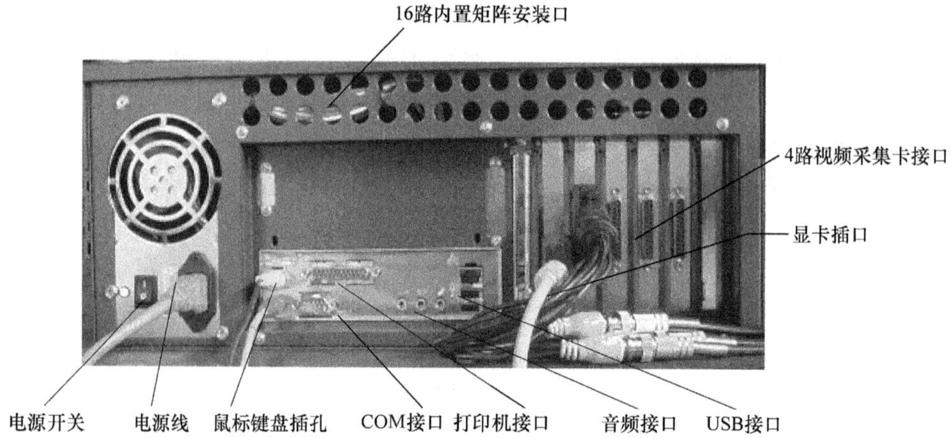

a)

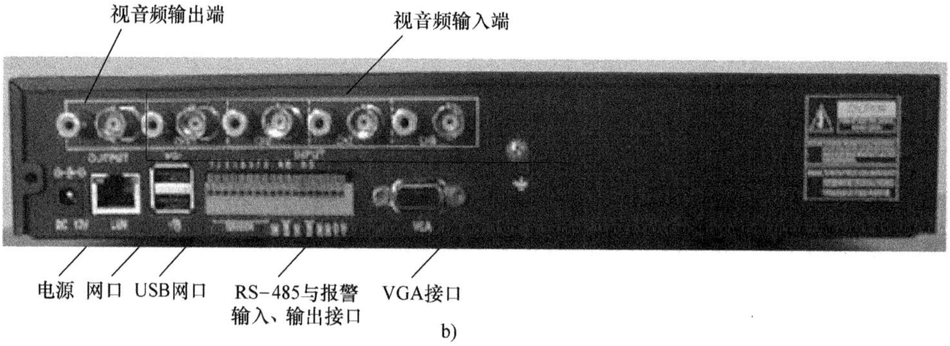

b)

图 3-17 数字硬盘录像机的后面板接口图

a）工控式数字硬盘录像机的后面板接口图 b）嵌入式数字硬盘录像机的后面板接口图

学生实训 8 数字硬盘录像机的使用

1. 实训内容

1）参观系统中的数字硬盘录像机与其他设备的接线情况。

2）利用教学设备完成数字硬盘录像机和其他设备（如摄像机、矩阵、监视器、视频分配器、RS-485 等）的接线。

3）对连接效果进行评价，总结经验，改正不足。

2. 实训设备

教学用设备（摄像机、监视器、数字硬盘录像机、矩阵、显示器分配器）一套，连接线若干，套装工具。

3. 实训方式

以小组为单位进行参观和连接练习，并在小组内给出自我及对其他人连接效果的评价。

4. 实训要求

1）参观过程中集中注意力，并保持良好的秩序。

2）连接练习过程中爱护设备，对设备及连接线轻拿轻放，避免野蛮操作。

3）养成连接后先检查再通电的好习惯。

4）实训完成后按要求整理实训场地。

3.3 矩阵

矩阵也属于视频切换器的一种，它可以选择任意一台摄像机的图像在任一指定的监视器上输出显示，犹如 M 台摄像机和 N 台监视器构成的 $M \times N$ 矩阵一般，大大节省了视频设备，方便了用户使用。

1. 矩阵的切换方式

以“8 入 4 出”矩阵切换为例，图 3-18 所示为矩阵切换方式示意图。

矩阵切换方式是由多条视频输入子线与多条视频输出母线构成的，所有子母线的交点均可由开关控制。因此，每一条视频母线都是一个“N 选 1”的开关排，母线上的每一个交叉点就是一个开关。当某一子母线交叉点接通时，该交叉点对应着的视频输入信号（由子线输入）就被切换到视频母线的输出端。如图 3-18 中第 3 行和第 6 列处的交叉点闭合，则可把第 6 路视频输入信号切换到第 3 路输出端口上。这种切换方式中，同一母线上的各子母交叉点可以按一定的次序依次闭合，但不能同时闭合。

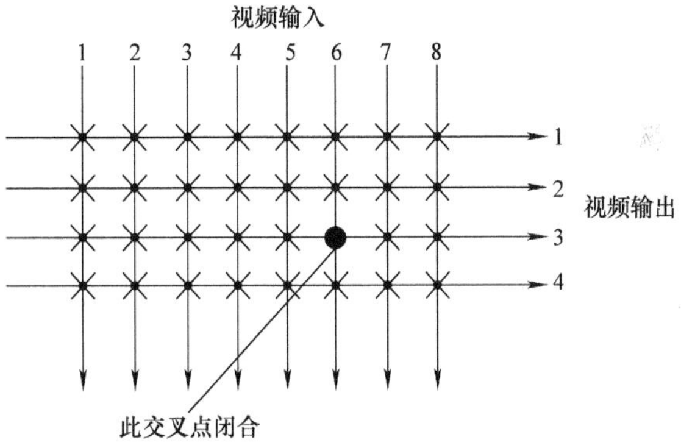

图 3-18 矩阵切换方式示意图

2. 矩阵切换器的结构

早期的矩阵切换器多由分立元件和通用集成电路组成，因而电路结构复杂而庞大。随着集成电路技术的发展，目前常用的矩阵切换器则多由大规模集成电路组成。电路主要由微处理器、数字控制接口、通信接口等构成，通过软件编程实现对视频信号切换的控制。

3. 矩阵的使用

以诚丰牌 32-16 矩阵为例进行介绍。图 3-19 所示为诚丰矩阵后面板图。

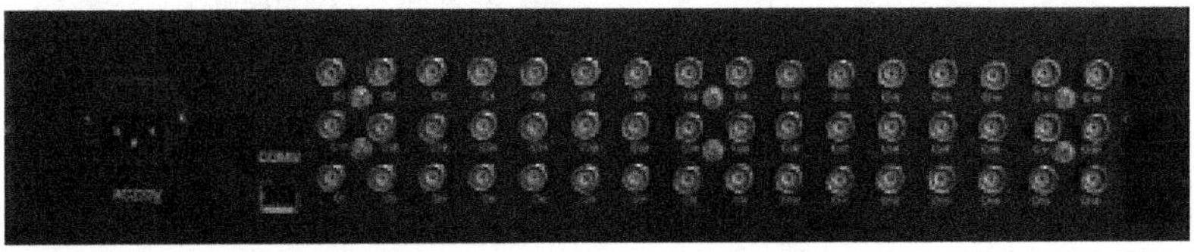

图 3-19 诚丰矩阵后面板图

（1）功能简介

1）32 路矩阵输入，16 路矩阵输出（可任意切换）。

2）功能如下：

① 手动切换功能。任意一路矩阵输出都可以手动切换到 32 路视频输入的任意一路。

② 自动巡航功能。任意一路矩阵输出都可以预设好自动切换的序列，开启此功能后矩阵输出就按照设置好的间隔时间、顺序进行切换。

3）协议为 MatrixCF1。

（2）设备连接

矩阵一般介于摄像机与数字硬盘录像机之间，即摄像机采集的图像先进入矩阵，后通过矩阵的 16 路输出给视频分配器，通过分配器实现同等多路输出，供后续数字硬盘录像机和监视器使用。矩阵与其他设备的连接如图 3-20 所示。

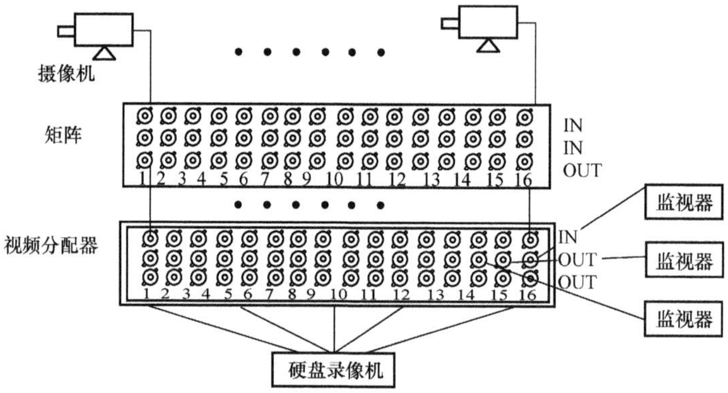

图 3-20 矩阵与其他设备接线图

（3）软件设置

1）添加设备协议如图 3-21 所示。

图 3-21 添加设备协议

运行监控程序，到如图 3-21 所示的“设备维护”对话框下添加一个 MatrixCF 的矩阵设备，COM 口根据接线设置，地址设置为 1。

2）设置矩阵连接的信号端如图 3-22 所示。

如图 3-22 所示，将摄像头和矩阵输入、矩阵输出和频道的对应关系在信号连接设置里都设置好，可选用“缺省连接”。

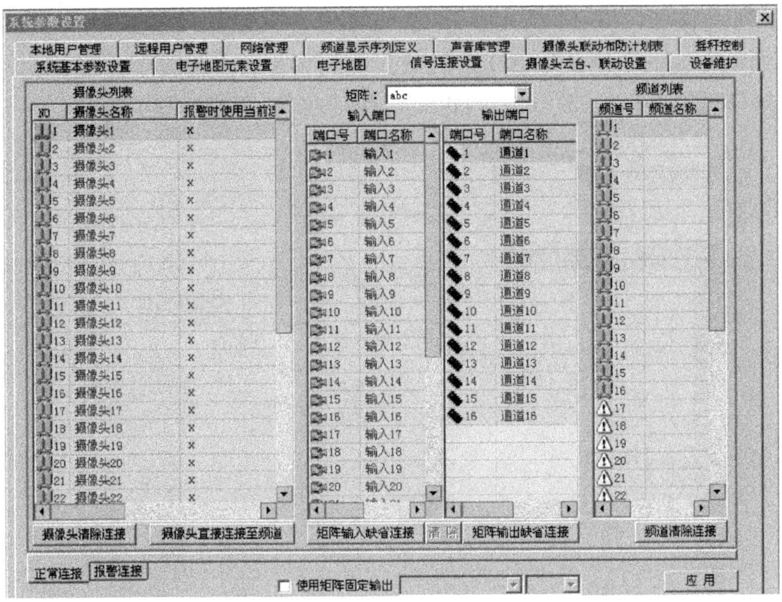

图 3-22 设置矩阵连接的信号端

3）手动切换设置如图 3-23a、b、c 所示。

① 单击程序主控开始菜单按钮（见图 3-23a），系统弹出程序主控开始菜单，如图 3-23b所示。

② 选择“根据通道进行切换”，即弹出图 3-23c 所示窗口，然后在此窗口里双击任意摄像头，该通道的图像就切换为该摄像头。

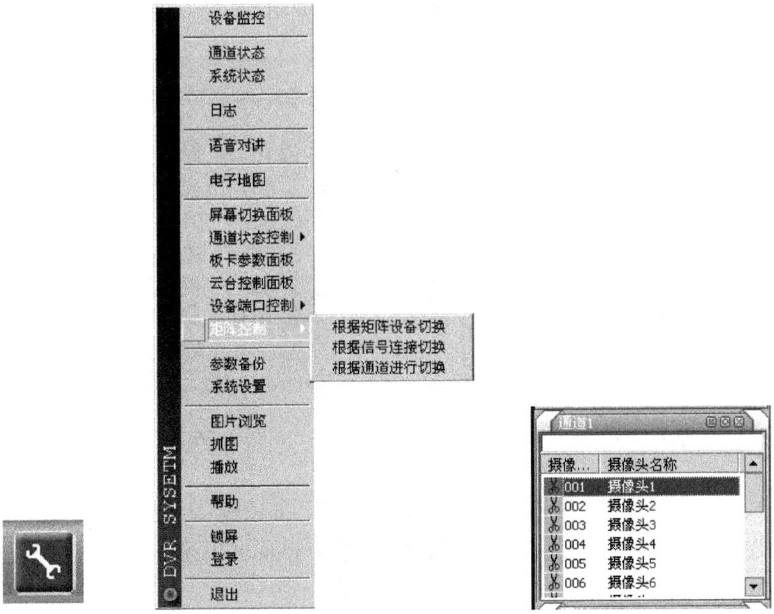

a) b) c)

图 3-23 手动切换设置

a）程序主控开始菜单按钮 b）程序主控开始菜单 c）摄像头窗口

4）巡航序列设置如图 3-24 所示。序列 N 对应的就是矩阵输出 N 的巡航设置，如图 3-24所示，序列 1 对应的是矩阵输入 1、2、3、4 各停留 5s。此时如果启用自动巡航，则矩阵的输出就在矩阵输入 1、2、3、4 之间轮流切换（每 5s 切换一次）。

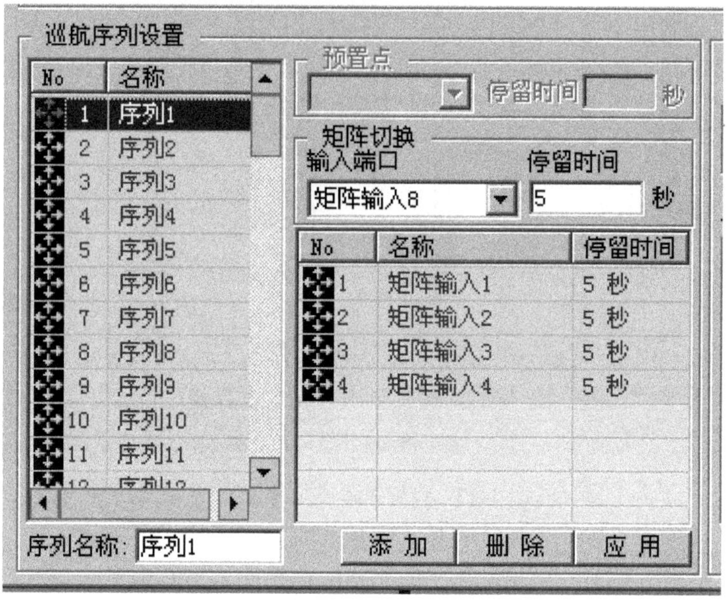

图 3-24 巡航序列设置

5）自动巡航。调出“按通道进行切换”窗口，如图 3-25 所示，“自动巡航开关”处于“已关”状态。单击此按钮，启动自动巡航功能，如图 3-26 所示，“自动巡航开关”处于“已开”状态。此时矩阵的输出就按上一步设置的序列进行自动巡航。

图 3-25 启动自动巡航功能

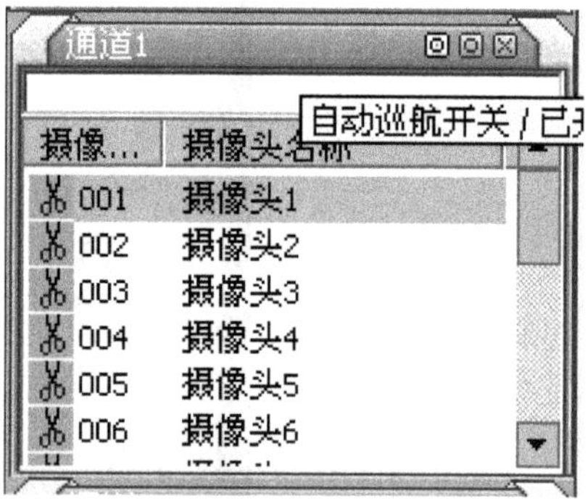

图 3-26 自动巡航开关启动

注意事项：连接到模拟监视器时，模拟监视器方面必须设置为 75Ω，不能设置为高阻抗，否则图像会因为阻抗不匹配而不能在模拟监视器上显示出来。

4. 矩阵的选用

选择视频矩阵主机时首先要确定有多少个摄像机需要控制，是不是还会扩充，把现有的和将来有可能扩充的摄像机数目相加，选择控制器的输入路数。比如一个居住小区，目前只盖好了 10 栋楼房，后期会有 15 栋，每栋楼房安装 1 台摄像机，那么最少也要有 25 路视频输入给控制主机（由于控制主机大部分以输入、输出模块形式扩充，输入以8的倍数递增），所以需要选择32个输入主机。

选择矩阵主机的输出路数是看监控室内需要几台监视器。比如上面举的例子，如果监控室需要至少4台监视器，那么输出就选择4路或5路输出（输出多一些不会影响性能，但价格会增加）的矩阵主机。

目前矩阵主机常用的输入有8、16、32、48、64、80、96、128～512路，一般以8或16的倍数递增；输出有2、4、5、8、16、24～32，一般以2或4的倍数递增。

矩阵主机的控制码有多种，大部分不兼容，必须配合其系列产品或说明可以使用的设备工作。如解码器、辅助跟随器、报警接口、分控键盘、多媒体软件等。

学生实训9　矩阵主机的认知和使用

1. 实训内容

1）认识几种不同类型的矩阵。

2）练习矩阵与其他设备的连接。

3）通过软件实现矩阵的切换功能。

2. 实训设备

1）诚丰矩阵。

2）监视器。

3）工具。

3. 实训要求

学生在教师的监督下，练习矩阵的连接。以小组为单位在分控软件上设置矩阵的切换。实训过程中，学生要安护公物，听从指挥，顺利完成实训任务。

3.4　其他视频处理设备

3.4.1　视频分配器

在闭路电视监控系统中，还常常用到许多相关的视频处理设备。视频分配器可以将一路视频信号均匀分配为多路视频信号，以供多台监视器或录像机等后续视频设备同时使用，如图3-27所示，经视频分配器输出的每一路视频信号仍保证与输入信号格式相同，即带宽、信号电平、输出阻抗均与输入信号相差无几。

这样的视频分配不能以简单的并联方式来实现，因为简单的并联会改变节点处的特性阻抗，造成信号的回波反射与衰减。一般也不推荐用三通头来实现，因为这样虽不会改变节点处的特性阻抗，但信号会衰减6dB。

常用的视频分配器根据输入信号的不同分为单输入视频分配器和多输入视频分配器。所谓的单输入视频分配器是指对单一输入的视频信号进行分配，常见的有1分2，1分4，1分8以及1分10等。如图3-28所示，1分4的视频分配器，输入的视频信号首先经缓冲器隔

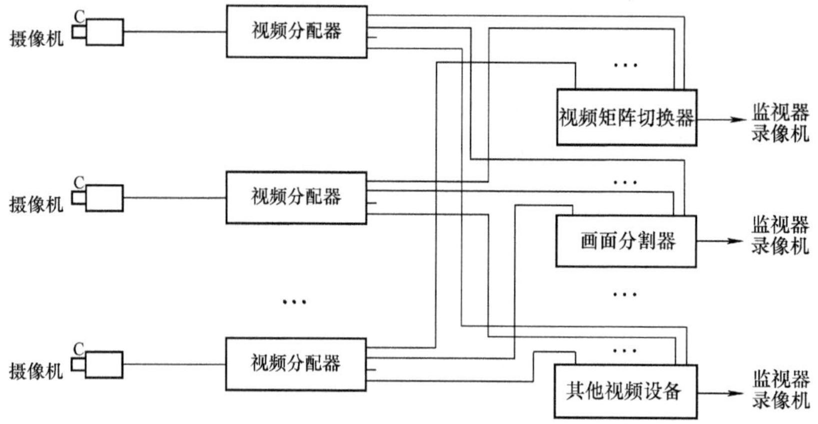

图 3-27 使用视频分配器和画面分割器的系统示意图

离，然后进行宽带放大，最后在经多个缓冲器隔离输出（有几个缓冲器构成即为几路输出）。由于各路缓冲器的参数是一致的，因此可以保证各个输出端口的视频信号彼此独立且信号格式完全一致。

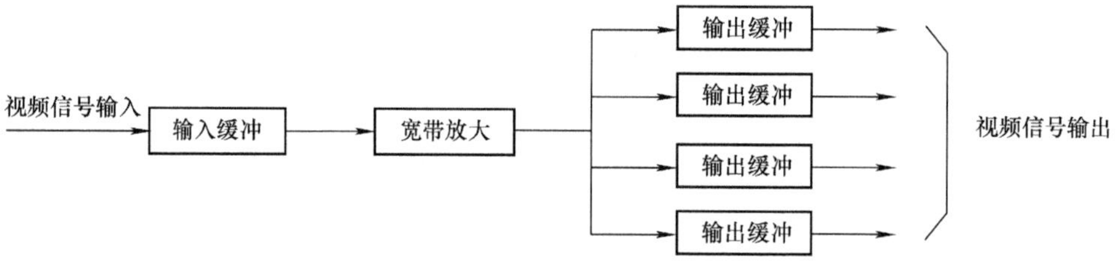

图 3-28 1 分 4 视频分配器原理框图

多输入视频分配器实质上就是多个单输入视频分配器组合在一起作为一个整体的结果。采用多输入视频分配器的目的在于减少单个分配器的数量、减少设备体积、降低系统造价、提高系统的稳定性。常见的多输入视频分配器有 8 分 16，16 分 32 等，基本都由 1 分 2 的单输入视频分配器来实现。

3.4.2 画面分割器

画面分割器是对多个摄像机送来的视频信号进行处理，并重新形成一路特定组合的视频信号送往监视器，使得在一个监视器屏幕上可以同时显示多个小的画面，其中每个小画面恰好对应着一路摄像机的输入。

常用的画面分割器有 4 画面分割器、9 画面分割和 16 画面分割器。

4 画面分割器（见图 3-29）是最基本的画面分割器，也是在监控系统中应用较多的一种数字视频处理设备，如在银行柜员制监控系统中经常用到该设备。它可以接收 4 路视频信号输入，并将该 4 路视频信号分别进行模-数转换、压缩、存储，最后合成一路视频信号输出，反映在监视器的屏幕上即可以在同一个屏幕上同时看到 4 个不同的视频信号画面，如图 3-30 所示。

在图 3-29 所示的系统设备连接中，通过操作控制面板上的相关按键，监视器既可以将

4个摄像机的画面同时在监视器的屏幕上显示，也可以单独显示某一个摄像机的画面。而录像机则固定接收画面分割器输出的4个画面组合在一起的视频信号。

图3-29 4画面分割器

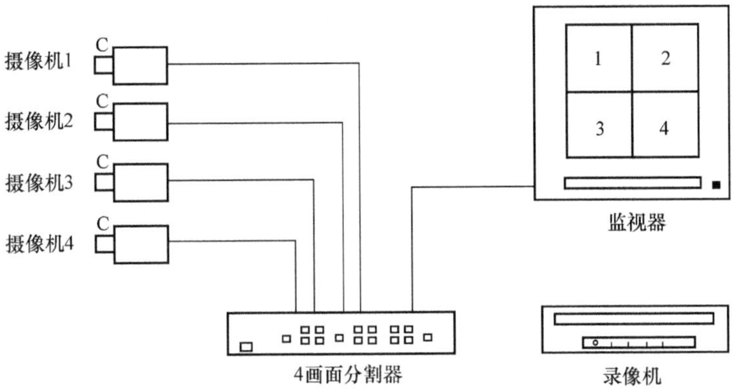

图3-30 系统设备连接图

4画面分割器一般还包括4路报警输入及报警联动功能，其中联动的意思是当连接在报警端口上的某一路报警探测器开始报警时，无论画面分割器原处于何种显示方式，都将自动切换到报警画面全盘显示方式，并有蜂鸣器提示，同时输出报警控制信号去其他受控装置，如触发录像机开始录像，或通过继电器打开现场灯光。

9画面及16画面分割器将同屏显示的画面数量分别提高到9个和16个，其同屏显示原理和功能均与4画面分割器相同，只是其输入的视频信号的路数分别增加到9路和16路。

如果在某些场合需要在一个屏幕上显示8个画面，通常采用的不是8画面分割器而是双4画面分割器。它虽然可以接收8路视频信号的输入，但是在任何时刻，在监视器屏幕上只能同时显示4个小画面，而另外的4个小画面只能与前面的4个小画面分时交替显示。这是因为，监视器屏幕的宽高比为固定的4:3，因此，为使分割后的小画面的宽高比仍保证为4:3，就应使在水平和垂直方向上对整个屏幕的分割份数都相同，要么分为2×2（即4画面分割器），要么分为3×3（即9画面分割器），要么分成4×4（即16画面分割器）。如果将屏幕分成2×4或4×2的小画面，则每一个小画面的宽高比必然脱离4:3，那么显示的图像或者为短粗（图像被压扁），或者为细长（图像被拉伸），使用者是不能接受的。

学生实训 10　其他视频处理设备的使用

1. 实训内容

1）参观系统中视频分配器和画面分割器的应用和连接。

2）通过教学设备练习视频分配器和画面分割器与其他监控设备的连接。如视频分配器和数字硬盘录像机的连接、视频分配器和摄像机的连接、画面分割器和监视器墙的连接、画面分割器和数字硬盘录像机的连接等。

3）自我、相互间对设备连接和使用情况进行检验，并给出评价。

2. 实训设备

教学用摄像机、矩阵主机、监视器、数字硬盘录像机、连接线缆、工具。

3. 实训方式

以小组为单位进行参观，以小组为单位进行设备连接练习，以个人为单位进行实训报告的填写。

4. 实训要求

1）参观过程中注意观察和思考相结合。

2）对设备轻拿轻放，按要求正确连接好后再通电测试。

3）爱护工具，注意用电安全。

4）同学间加强交流与沟通。

单元小结

闭路电视监控系统的中心设备主要包括监视器、数字硬盘录像机、矩阵、分控设备及其他视频处理设备。监视器用于显示由各监视点的摄像机传来的图像信息，是闭路电视监控系统中的可选设备。而对于有数十个监视点位的大型电视监控系统而言，除配备数量合适的数字硬盘录像机外，通常还需要数个甚至数十个监视器，构成庞大的监视器墙，以在有限的空间内尽可能地显示各监视现场的图像。

监视器种类繁多，系统中常用的监视器多为 CRT 型，随着显示技术和器件的发展，液晶和等离子监视器也越来越多地用于系统当中，提高了图像显示和监看质量。监视器与其他设备的连接较为简单，只需要识别接口类型和功能，对应相连即可。数字硬盘录像机是闭路电视监控系统的必备设备，其在系统中担负着重要的控制、记录、报警、监视等多项功能。根据系统结构，数字硬盘录像机可分为计算机插卡型、计算机改装型和嵌入式 3 种。监控系统应用之初，多选用计算机插卡型数字硬盘录像机，然而随着计算机技术和视/音频采集技术的发展，目前多数电视监控系统都采用了操作简单、集成度高的嵌入式数字硬盘录像机。数字硬盘录像机功能繁多，但与其他设备的连接并不复杂，认清接口功能即可。矩阵、视频分配器、画面分割器是监控系统中负责控制图像显示形式的设备。矩阵可以选择任意一台摄像机的图像在任一指定的监视器上输出显示；视频分配器可以将一路视频信号均匀分配为多路视频信号，以供多台监视器或录像机等后续视频设备同时使用；画面分割器是对多个摄像机送来的视频信号进行处理，并重新形成一路特定组合的视频信号送往监视器，使得在一个监视器屏幕上可以同时显示多个小的画面，其中每个小画面恰好对应着一路摄像机的输入。利用这些设备可减少系统使用监视器的数量，提高监看效率。

习 题

1. 根据自己的理解说明监视器在整个系统中的作用。

2. 根据实际经验，简述与监视器相连接的设备主要有哪些？在连接过程中有哪些注意事项？

3. 根据你对数字硬盘录像机现状的了解说说你对其发展趋势的认识。

4. 矩阵的工作原理是什么？

5. 怎样进行矩阵的软件设置？

6. 简述视频分配器和画面分割器的功能，说明两者的区别。

单元4　监控系统中心控制软件

学习目标：

1. 掌握监控系统中心控制软件的功能。
2. 会应用中心控制软件对监控系统进行基本的设置和操作。

重点难点：

会应用中心控制软件对监控系统进行基本的设置和操作。

通过单元3的学习，我们已经了解了闭路电视监控系统的中心设备。其中，数字硬盘录像机（DVR）是当今闭路电视监控领域中综合性最强、性能最卓越的数字化图像记录设备。它可以对监控系统中所有摄像机摄取的画面进行实时数字压缩并录制存档，更可以根据任意检索条件对所记录的图像进行随机检索，还可以远距离对摄像机、云台进行各种控制操作。这一切功能的实现，除了得益于数字、计算机、视频采集技术的飞速发展外，也得益于与数字硬盘录像机配套的监控软件功能的成熟和完善。

本单元将以一款“诚丰门神”系列16路数字硬盘录像机为例详细介绍监控软件的基本功能、主要界面及操作方法，目的在于使广大读者对硬盘录像机和配套的监控软件有一个全面的了解，并起到触类旁通的作用。

4.1　软件主界面

图4-1为“诚丰门神“系列16路数字硬盘录像机的主界面，其中大部分面积被摄像机画面所占据，右边和下边则为主要功能按钮和状态显示按钮（各按钮的含义已在图中标明）。用鼠标单击这些按钮，大都可弹出二级甚至三级子菜单，以实现对DVR的进一步控制，或对DVR进行各种功能

图4-1　“诚丰门神”系列16路数字硬盘录像机的主界面

设置。

下面对各个按钮功能进行详细介绍。

4.2　软件组成与功能

1. 监看/录像/报警控制栏（见图 4-2）

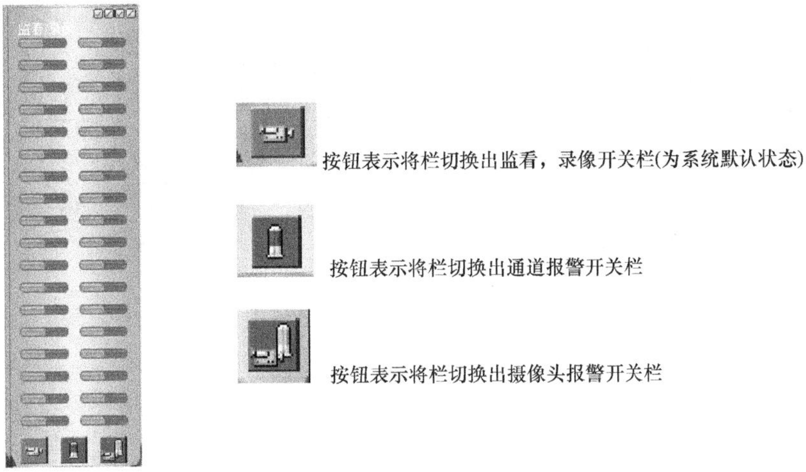

图 4-2　监看/录像/报警控制栏

2. 主控制面板（见图 4-3）

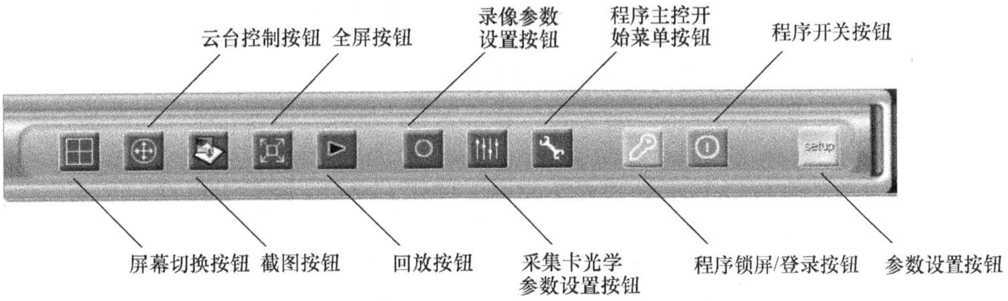

图 4-3　主控制面板

下面将详细介绍各个按钮所对应的功能与作用（按面板顺序从左至右）。

1）为屏幕切换按钮，单击这个按钮，将出现屏幕切换控制面板，如图 4-4 所示。通过这个控制面板，用户可以设置同时监看的画面数与切换相关选项。

2）为云台控制按钮，单击这个按钮，将出现云台控制面板，如图 4-5 所示。通过这个面板，用户可以控制云台的转动和光圈（IRIS）以及对焦（FOCUS）和光学变焦（ZOOM）。

3）为截图按钮，单击这个按钮可将所选通道当时的画面作为截图保存。

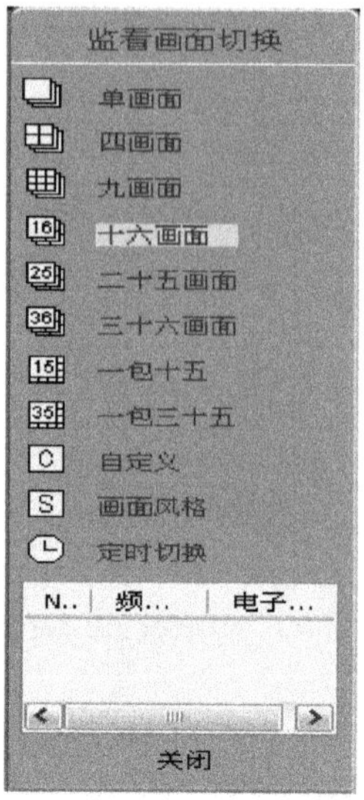

图 4-4 屏幕切换控制面板

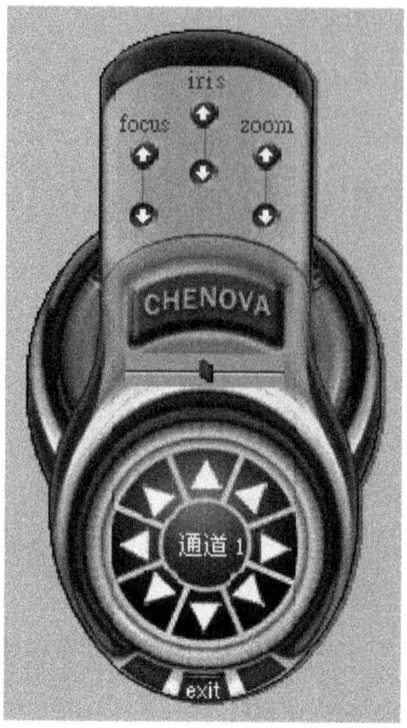

图 4-5 云台控制面板

4）为全屏按钮，单击这个按钮可将当时看到的监看画面放大为全屏化。

5）为回放按钮，单击这个按钮，将打开软件的回放界面，如图 4-6 所示。

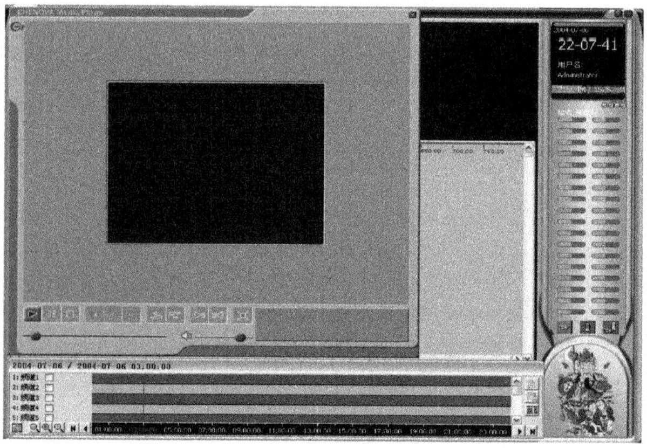

图 4-6 回放界面

6）为录像参数设置按钮，单击这个按钮，将出现录像参数设置控制面板，如图4-7所示。通过这个面板，用户可以设置当前所选画面的录像参数（录像质量、画质，而非录像方式）。

7）为采集卡光学参数设置按钮，单击这个按钮，将弹出采集卡的光学监看参数设置面板，如图 4-8 所示。通过这个面板，用户可以调节当前所选画面的字符叠加以及通道名称、各项光学显示参数，以达到最理想的录像、监看效果，还可设置移动侦测录像的灵敏度。

8）为程序主控开始菜单按钮，单击这个按钮，将弹出开始菜单，如图 4-9 所示。

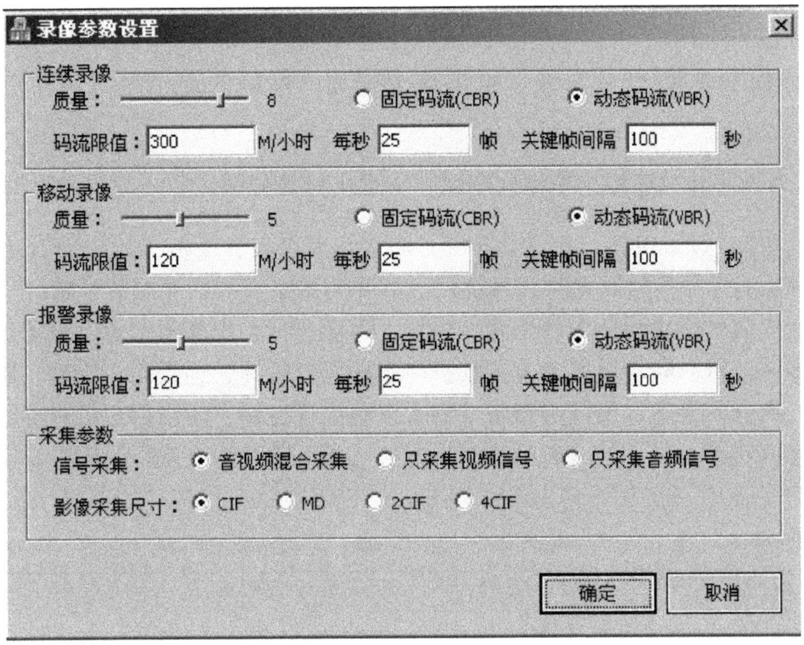

图 4-7　录像参数设置控制面板

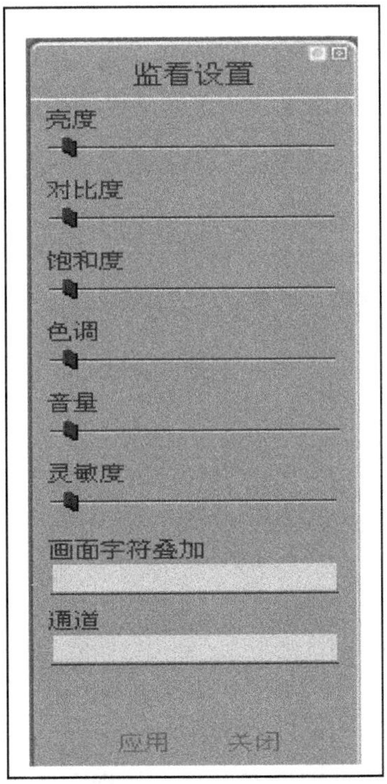

图 4-8　采集卡光学监参数设置面板

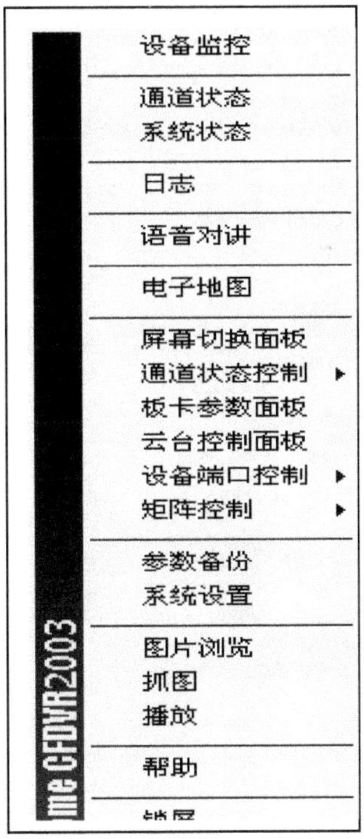

图 4-9　主控程序菜单

通过这个菜单，用户可以进入 RS3.0 程序的所有功能及设定。

9）为程序锁屏/登录按钮，单击这个按钮，可以锁定屏幕或者重新登录 RS3.0 系统。

10）为程序开关按钮，单击此按钮，将退出监控程序。

11）

为参数设置按钮，单击此按钮，将弹出系统设置面板，如图 4-10 所示。

注意事项：当打开参数设置时，系统默认打开的是整个系统的参数设置，这一控制面板将根据用户所安装的模块而分为各个功能板块，可能包括系统基本参数、电子地图、矩阵信号连接、摄像头云台、联动设置、设备维护、本地用户管理、远程用户管理、网络管理、频道显示序列、声音库管理、摄像头布防计划表以及摇杆控制，而当用户单击参数设置面板上的某个频道时（类似 C1，C2，C3，C4…）时，参数设置面板将显示频道参数面板，如图 4-11所示。

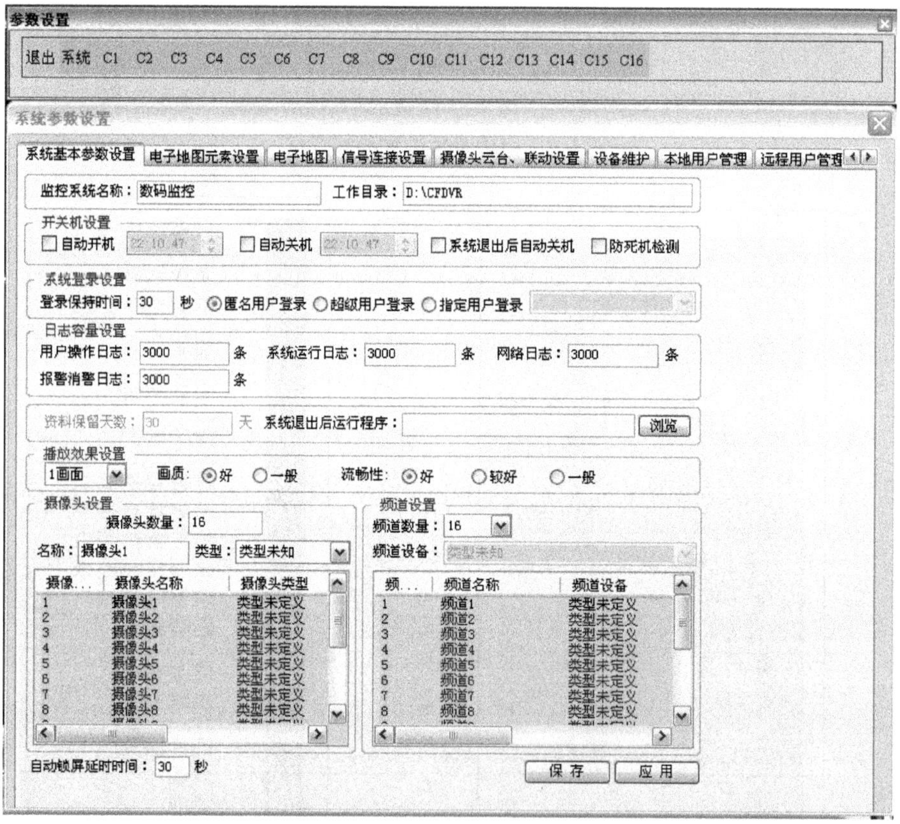

图 4-10 系统设置面板

在此对话框下可以对各个频道的具体工作参数进行详细设置，如指定各个频道所使用的存储区域、录像方式的选择、录像保留天数，展开各个分页可以分别对各个频道的录像参数、报警设置以及时间表进行设置。

图4-11　频道参数面板

4.3　系统基本参数设置

系统参数设置面板如图4-12所示。

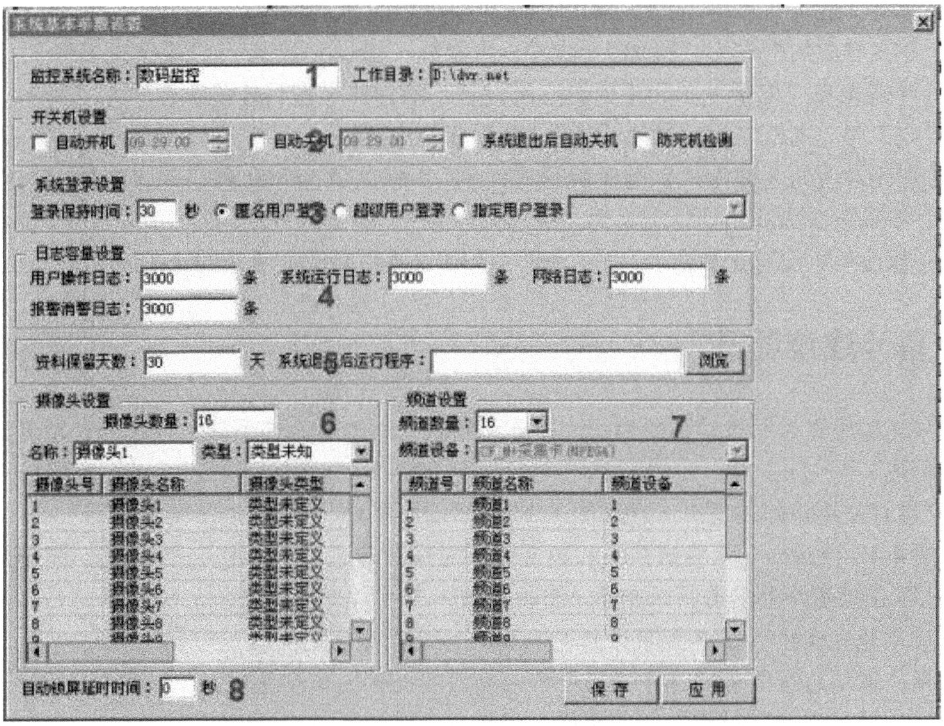

图4-12　系统参数设置面板

1）在1对应的框内：

“监控系统名称”默认为数码监控，可根据需要修改成任意字符。

“工作目录”默认为dvr. net（程序的安装目录）。可根据需要修改安装目录。

2）在2对应的框内为“开关机设置”：

“自动开机”，勾选后面对应的框可以设置时间。例如，选择自动开机，时间设置为08:00:00，即设置机器每天8点开机（需要智能卡支持）。

“自动关机”，勾选它后面对应的框可以设置时间。例如选择自动关机，时间设置为20:00:00，即设置机器每天20点关机（需要智能卡支持）。

“系统退出后自动关机”，勾选后每次退出程序自动关闭主机。

“防死机检测”，勾选后就启用智能卡的死机检测和重启功能。

3）在3对应的框内为“系统登录设置”：

“登录保持时间”，即运行程序登录，当无人输入密码时，自动进入程序的时间，默认值为30，单位为秒（s）。

“匿名用户登录”，无人输入密码，自动进入系统时以匿名用户登入系统。

“超级用户登录”，无人输入密码，自动进入系统时以超级用户登入系统。

“指定用户登录”，无人输入密码，自动进入系统时以指定用户登入系统。

4）在4对应的框内为“日志容量设置”，包括“用户操作日志条数”、“系统运行日志条数”、“网络日志条数”、“报警消警日志条数”。

5）在5对应的框内：

“资料保留天数”，默认为30天。

“系统退出后运行程序”，退出程序后运行该处所设置的程序。

6）在6对应的框内为“摄像头设置”，可设置“摄像头数量”、“摄像头名称”、“摄像头类型”（需先在“电子地图元素设置”里设置了摄像头类型后才可设置）。

7）在7对应的框内为“频道设置”，可设置频道数量。

8）在8对应的区域为“自动锁屏延时时间”，默认值为300秒，即300秒无人操作就锁程序。如果设置为0则不锁定界面。

注：修改后不要忘记单击“保存”或“应用”按钮来保存所作的修改。

4.4 信号连接设置

信号连接设置是用来设置摄像头、矩阵和频道之间的对应关系的，按是否有矩阵分两种情况来设置：

1）没有使用矩阵的情况：在如图4-13所示面板操作。

如图4-13所示，一般将摄像头和频道一一对应设置，但也可以自己定义。首先单击摄像头1，再在频道6上单击鼠标左键，出现如图4-14所示菜单。

选择“建立连接”就将摄像头1和频道6连接起来了。

选择“取消连接”就将选中的摄像头或频道的连接关系删除掉。

选择“显示连接”就将选中的摄像头或频道对应的频道或摄像头显示出来。

如果有连接关系，摄像头和频道的图标都是绿色的底色，如图4-15所示。

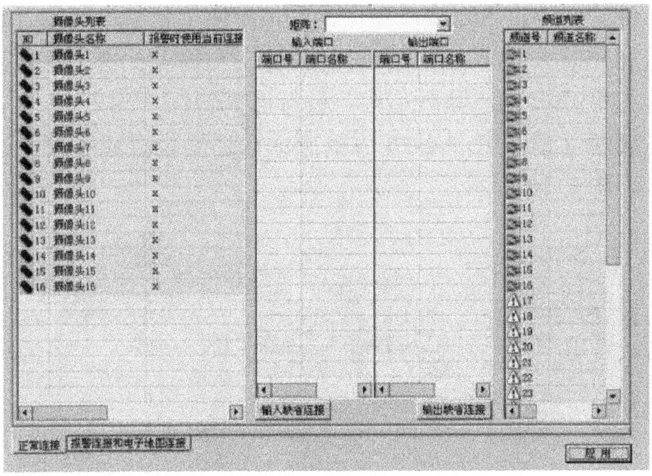

图4-13 矩阵控制面板

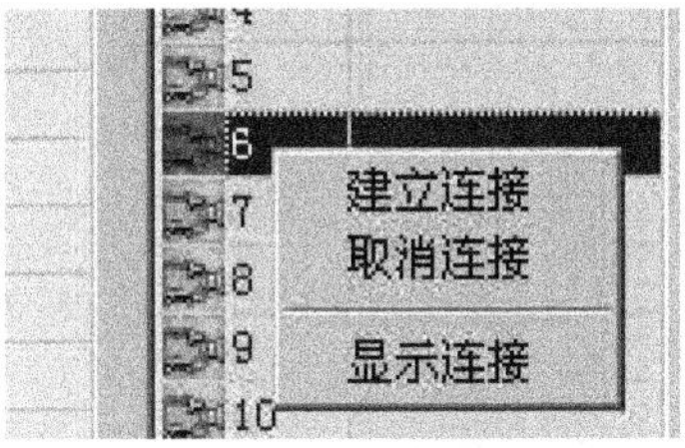

图4-14 摄像头建立连接菜单

如果没有连接关系，摄像头和频道图标如图4-16所示，是一个警告的标志牌图样。

图4-15 摄像头对应菜单

图4-16 警告标志牌图样

另外图中的两个按钮“输入缺省连接”和“输出缺省连接”只在有矩阵设备时有效。

2）使用矩阵的情况（以MatrixCF矩阵为例），如图4-17所示。

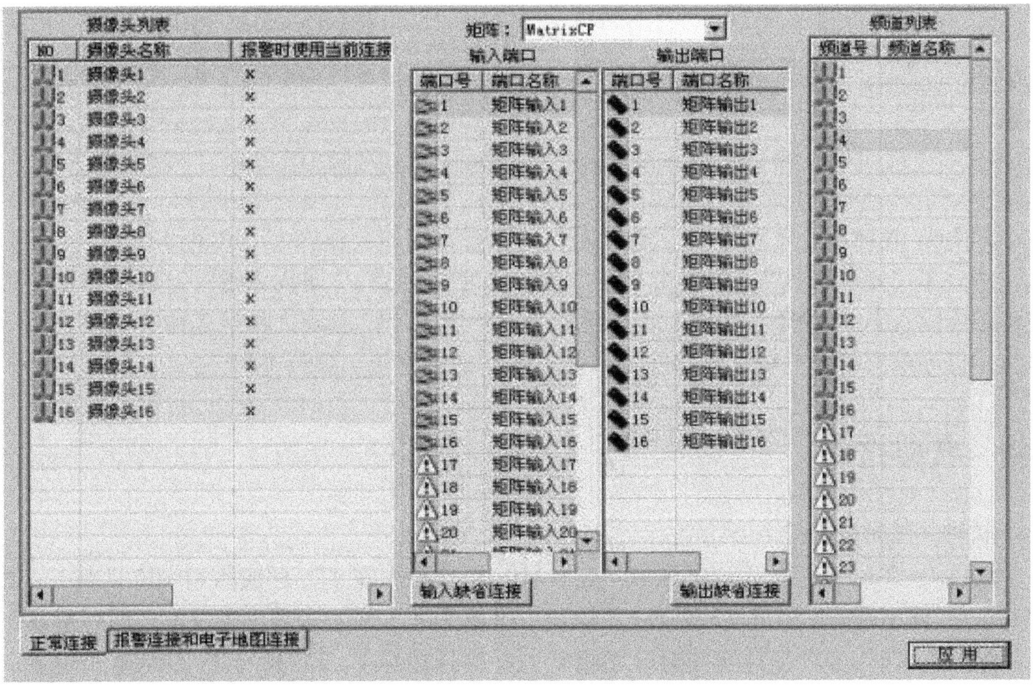

图4-17 矩阵设置面板

使用矩阵时的连接方法和前面一样，但按以下步骤操作：首先将摄像头和矩阵的输入端口连接起来；然后将矩阵的输出端口和频道连接起来；如果要把摄像头和输入、输出及频道一一对应，可单击按钮“输入缺省连接”和“输出缺省连接”进行连接。

另外使用报警连接和电子地图连接时（请注意图 4-18 方框所示）还要设置矩阵输入端口和矩阵输出端口之间的对应关系，如图 4-18 所示。

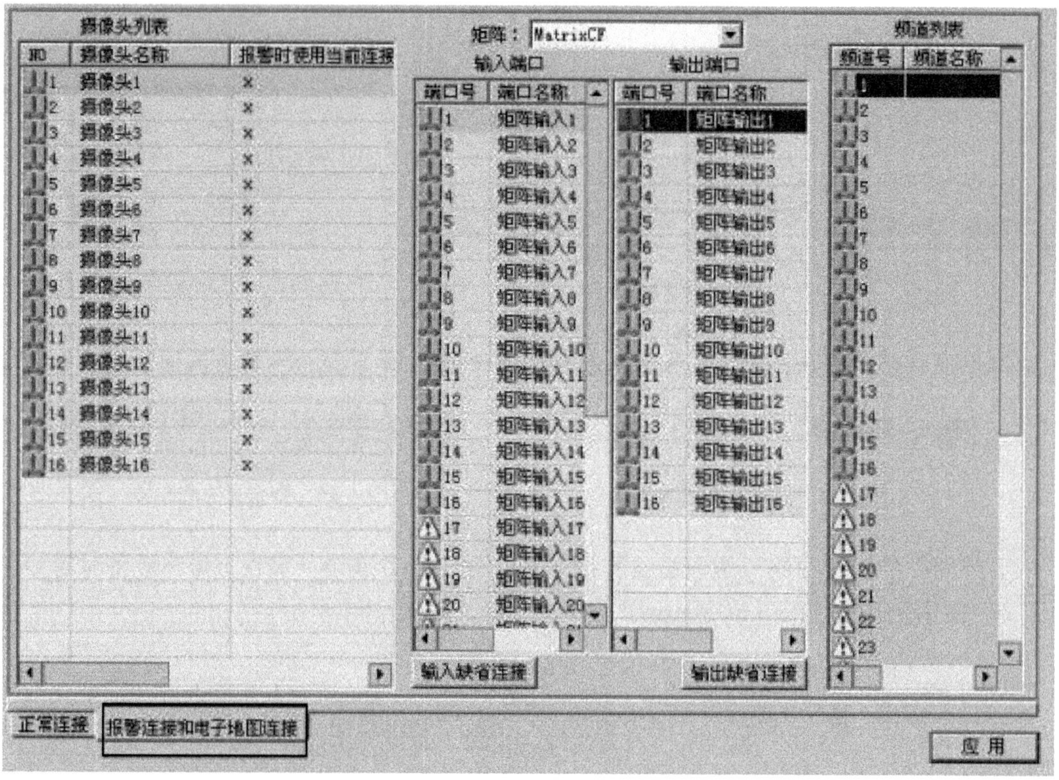

图 4-18　矩阵输入端口和矩阵输出端口之间的对应关系

如图 4-18 所示，首先选择“矩阵输出 1”，再在“矩阵输入 1”上单击右键，选建立连接，然后在“矩阵输入 2”上单击右键，选择“建立连接”。即代表报警时或使用电子地图时将矩阵输入 1、2 和矩阵输出 1 联系起来；如果把矩阵输入端口和矩阵输出端口之间一一对应，也可单击按钮“输入缺省连接”和“输出缺省连接”进行连接。

4.5　联动设置

联动设置面板如图 4-19 所示。

红色 1、2、3、4 数字对应区域：当 w110 的“输入端 1”有输入时（2 区域），触发 w110 的“输出端 1”输出（3 区域），触发“摄像头 1”对应频道开始录像，同时播放选中的报警声音“1”，PC 扬声器同时开始报警，并执行拨号 1、2、3，同时显示电子地图、报警日志、报警设备状态和摄像头状态；并开始自动抓拍，每秒一张，连续 10 张；矩阵对应于“摄像头 1”的输出端口（对应的频道）持续 30s 输出“摄像头 1”的画面（此处矩阵停留时间 30s 是指当系统中使用了矩阵，而且在“设备维护”中已经设置了和“摄像头 1”有关的矩阵切换，那么和“摄像头 1”有关的矩阵切换会暂停 30s，使得当前“摄像头 1”对应的频道显示画面在 30s 内不被切换）。另外布防延时 30s 代表布防后 30s 内 w110“输入端 1”即使有输入也不会执行设置的操作，以方便工作人员离开。

5 数字对应区域：在这里为摄像头选择对应的云台解码器。

6 数字对应区域：自动消警，自动消警延时 30s 表示报警 30s 后自动消警；选择该摄像头在系统启动时自动布防。

图 4-19　摄像头、云台联动设置面板

在此对话框里可以设置输入输出、云台、矩阵、智能卡和看门狗 5 大类外部设备，也可以选择所用的云台和 I/O 设备。其中“设备类型”栏用来选择云台和 I/O 设备的通信协议；“名称”为该设备取名；“端口”为与电脑的通信口，通常为 COM1 或 COM2，视实际连接而定；“地址”为对应设备的跳线的地址值。单击“添加”后，即可将设置好的设备添加到列表中，单击关闭即可保存所有的设置（注意：监控系统中所有设备名不能有重复，在同一端口的设备地址不能有重复，否则不能添加）。

学生实训11 监控软件的使用

1. 实训内容

1）通过监控系统主机控制软件的授权，利用分控软件进行对前端设备的操作，资料的调用和录像等功能的使用。

2）通过分控软件界面学习软件的使用，包括系统功能的实现，系统参数的设置，信号连接设置等。如系统操作面板的熟悉；录像功能的使用和图像资料的调用；移动侦检测的实现；联动报警的设置。

3）自我、相互间对软件使用熟练程度进行检验，并给出评价。

2. 实训设备

监控软件、分控软件、教师端管理软件、前端设备（摄像机、云台）、中心设备（矩阵、监视器、数字硬盘录像机）。

3. 实训方式

以小组为单位进行授权下的分控，以个人为单位通过分控软件界面学习控制软件的使用和设置。

4. 实训要求

1）在学习过程中养成认真的习惯。

2）对前端设备的操作要按步骤、按次序，不能盲目操作。

3）在软件练习使用过程中要善于动脑，熟能生巧。

4）同学间加强交流与沟通。

单元小结

监控软件与数字硬盘录像机（限插卡型和改装型）配套使用，完成对系统设备的添加、管理和控制以及对系统运行情况的监控等功能。不同厂家的数字硬盘录像机均有与之相适应的软件程序。不同厂家软件的界面、个性功能等不尽相同，但都具备一些基本功能，如录像、监看、回放、设备控制等。用户可根据系统需要选择、使用软件的部分或全部功能，以达到对监控系统的监控、管理和控制的目的。

习题

1. 利用一款监控软件完成前端设备的添加和不同监控画面名称的修改。
2. 在监控软件上完成录像参数的设置。
3. 练习回放任一通道，任一时间段的监控录像。

单元5　监控系统的信号传输

学习目标：

1. 了解监控系统传输信号的类型和常用传输方式。
2. 了解微波传输、射频传输方式的特点和应用。
3. 掌握直接电缆传输方式中的各类线材、插接件的种类。
4. 掌握光纤传输方式的特点和所包含的传输设备。
5. 掌握双绞线传输方式的特点和线材种类。
6. 学会制作视频同轴电缆接头。
7. 认知光纤和光缆，学会光纤的熔接。
8. 学会制作双绞线接头。

重点难点：

1. 监控系统中传输信号的类型和各类传输方式的特点。
2. 学会制作视频同轴电缆接头。
3. 认知光纤和光缆，学会光纤的熔接。
4. 学会制作双绞线接头。

在前面的学习中，我们接触到了各种不同作用、不同结构的设备。然而这些设备间是靠什么建立起关系来的呢？本单元就要针对这个问题进行学习。

监控系统的前端设备与中心设备通过传输系统建立联系，传输系统有两个基本功能：一是将前端的视/音频信号及各种探测数据传往中心控制端；二是将中心控制端的各种控制命令传往前端解码器。

常用的传输方式有直接电缆传输、射频及微波传输、光纤传输、宽频共缆传输、网络传输和双绞线平衡传输。各种传输方式优势各异，需要根据实际应用场合合理选择。下面将着重介绍在传统监控系统中常用的同轴电缆直接电缆传输以及利用光纤、微波、网络等方式进行的信号传输。

5.1　直接电缆传输

直接电缆传输是最基本的传输方式。其中，由摄像机输出的视频信号采用同轴电缆连接，由监听头输出的音频信号采用2芯屏蔽线连接，在监控—报警联动系统中，由报警探测器输出的是开关量信号，可用普通2芯屏蔽线连接，由中心控制主机发出的控制指令则通过普通2芯屏蔽线与解码器连接。图5-1所示为从前端到中心端所需的各种电缆。另外，由前端解码器到云台及镜头之间还需要采用较短的多芯电缆连接。

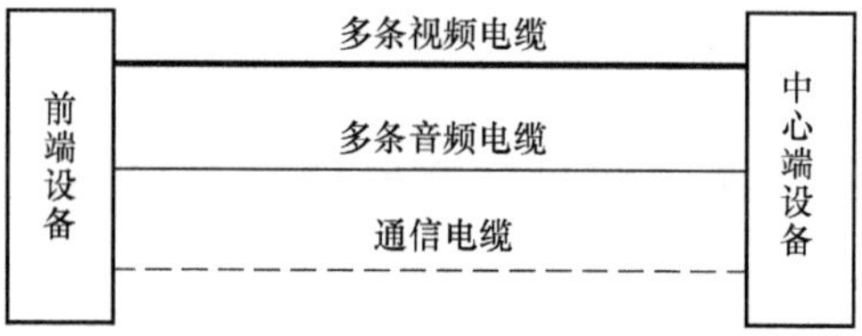

图 5-1 从前端到中心端所需的各种电缆

5.1.1 直接电缆传输中的线材

1. 视频电缆及连接器

视频电缆选用75Ω的同轴电缆，通常使用的型号有 SYV-75-3 和 SYV-75-5。它们对视频信号的无中继传输距离一般为300～500m，当传输距离更长时，可选用 SYV-75-7、SYV-75-9 或 SYV-75-12 的粗同轴电缆（无中继传输可达1km以上）。一般来说，传输距离越长、频率越高，信号的衰减越大，而线径越粗衰减越小。当长距离无中继传输时，由于信号的高频成分被过多衰减，图像就会变得模糊。这时，就应该考虑增加视频放大器，或采用光纤传输。

视频信号实际传输的距离与同轴电缆的质量及所使用的摄像机和监视器有关。当摄像机输出电阻、同轴电缆特性电阻、监视器的输入电阻三者不能完全匹配时，就会在同轴电缆中造成回波反射，图像出现重影及波纹，甚至跳动。因此，在实际工程中，要尽可能使用一根电缆，中间不留接头。

视频同轴电缆的结构如图 5-2 所示，其中屏蔽网用铜丝编织而成。不同质量的视频电缆编织层的密度（铜丝根数）不同，如 80 编、96 编、120 编。在实际连接中，屏蔽网接地，芯线接信号端，屏蔽网与芯线之间填充绝缘介质，避免辐射损耗和外界杂散信号的干扰。

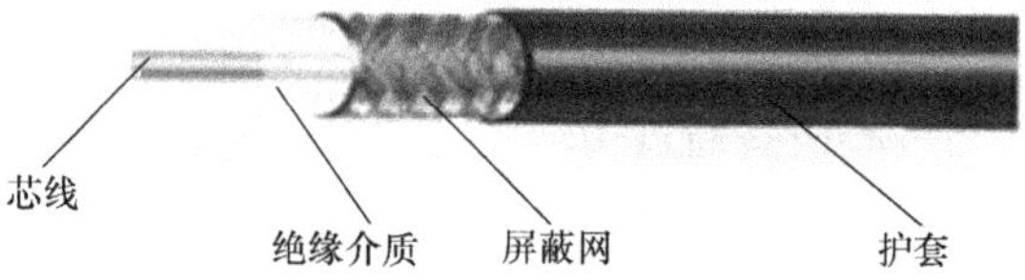

图 5-2 视频同轴电缆的结构

当导线中有电流时，导线发热，说明导线具有一定的电阻；由于导线间存在漏电流，导线之间处处有一定的电导；同时导线周围会有磁场产生，所以导线还有一定的电感；导线之间的电位差使得导线间存在一定的电容。上述这些分布在电路布线及其结构中的参数统称为“分布参数”，它使电路中任一点都呈现出一定的阻抗，即特性阻抗。因此，特性阻抗的大小完全取决于电缆的结构（提示：当传输线终端负载阻抗等于特性阻抗时，传输线传播的能量将全部被负载吸收，此时电源输出功率最大，即阻抗呈匹配状态。广播电视标准规定传输线缆的特性阻抗及设备终端阻抗均为75Ω）。

电缆线径越粗越适合长距离传输。但为了减少高频衰减，就需使用视频放大器，提高图像分辨率，增强图像的轮廓。视频电缆与设备的连接通常用 BNC 连接器（Q9 接头），如图 5-3a 所示，也有选用传输常用的 F 端子（用螺纹可旋紧），如图 5-3b 所示。

电梯监控专用电缆如 TTVVST-4-G 型，适用于电梯监控系统的视频传输及信号控制。

a)　　　　　　b)

图 5-3　视频电缆与设备的连接

a）BNC 连接器（Q9 接头）　b）F 端子

它采用进口抗拉材料制成，外护三防特软护套，弯曲万次不疲劳，抗干扰能力优良，如图 5-4 所示。

2. 音频电缆及连接器

音频电缆通常选用 2 芯屏蔽线，虽然普通 2 芯屏蔽线也可以传输音频，但长距离传输时易引入干扰噪声。音频电缆在监控系统中采用点对点式布线方式，同时也可以用于信号传输，常用的音频电缆有 RVVP-2/0.3 或 RVVP-2/0.5。音频电缆与设备的连接通常用 RCA 连接器，专业音频设备通常采用卡侬连接器。图 5-5 所示为 RVVP 电缆和几种常见的连接器。

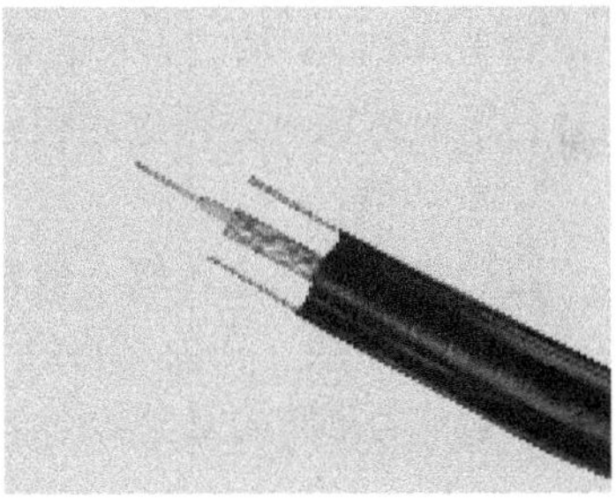

图 5-4　电梯用 75Ω 射频同轴电缆

3. 通信电缆

通信电缆指的是接于系统主机与解码器之间的 2 芯电缆，可以选用普通的 2 芯护套线，但带有屏蔽层的 2 芯线抗干扰性能好些，更适合于强干扰环境下的远距离传输。可选用的通信电缆通常有 RVVP-2/0.15 或 RVVP-2/0.3。选择通信电缆的基本原则是距离越长，线径越粗。如 RS-485 通信规定的基本通信距离是 1200m，但在实际工程中使用 RVV-2/1.5 的护套线，可以将距离扩展到 2000m 以上。当通信距离过长时，需使用通信中继器，将控制信号放大、整形。通信电缆一般不需要单独的连接器，可直接与其他电路板相连。

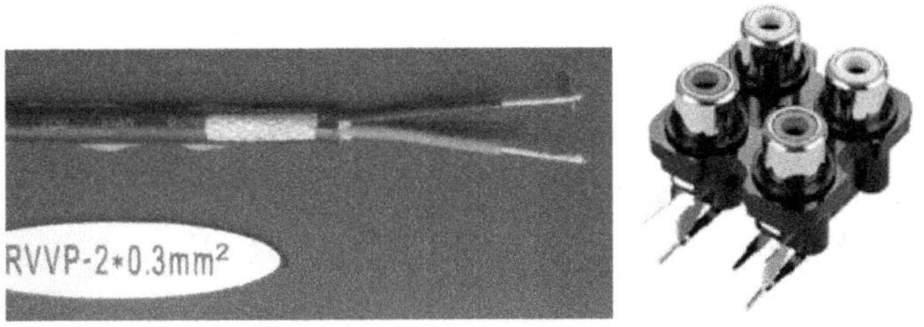

图 5-5　RVVP 电缆和连接器

4. 控制电缆

控制电缆是指用于控制云台和电动可变镜头的多芯电缆，它一端连接于控制器或解码器云台、电动镜头的控制接线端，另一端则直接连接到云台、电动镜头的相应端子上。由于控制电缆提供的是直流或交流电压，而且一般距离很短，基本上不存在干扰问题，因此不需要使用屏蔽线。常用的控制电缆有 6 芯或 10 芯，如 RVV-6/0. 2 或 RVV-10/0. 12，如图 5-6 所示。

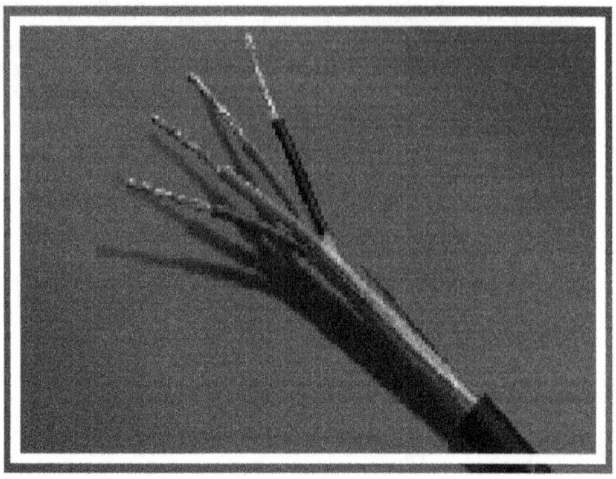

图 5-6 RVV 普通聚氯乙烯护套电缆

在监控系统中，从摄像机到解码器的距离比较短，一般没有什么特别要求；而控制器到云台的距离比较长，对这部分控制电缆的要求是线径要粗。这是因为线径越细或传输距离越长，其产生的电压降越大，以至于控制信号到达云台或电动镜头时不能驱动负载工作。这种现象对于 AC 24V 的云台比较明显，可能会出现被“卡”住而无法启动的现象。因此，控制信号长距离传输时必须选用粗线径的电缆，如 RVV-10/0. 5 或 RVV-10/0. 75

5. 电源线

监控系统中的电源线一般都要单独布设，在监控室内安置总开关。一般情况下，电源线按 AC 220V 布线，在前端再经适配器转换成 DC 12V。

注意：考虑防火安全要符合规范，电源线要穿过钢管或 PVC 管，并与信号线离开一定距离。

5.1.2 国产电缆统一型号及其含义

1. 通信电缆的型号

国内通信电缆的型号由拼音字母或阿拉伯数字组成，排列次序和含义如图 5-7 所示。

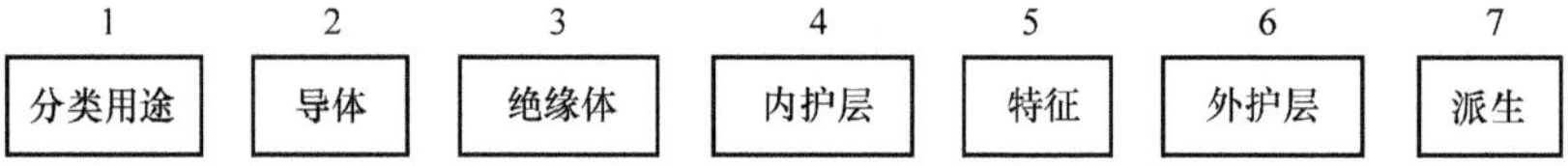

图 5-7 通信电缆的型号

其中，1 ~5 用汉语拼音字母表示；6 ~7 用数字代表，派生的数字是区别具体型号中的不同品种，如电缆型号为 H- YF- V- C，则表示电缆为室内通信- 泡沫聚烯烃绝缘- 聚氯乙烯护套- 自承式通信电缆。

2. 同轴电缆的型号

选用同轴电缆时，要选用频率特性好、衰减小、传输稳定、防水性能好的电缆。同轴电缆可分为实芯和藕芯两种。芯线采用铜线，屏蔽网有铝管和铜网加铝箔两种。绝缘外套分为单护套和双护套两种。标准格式如图 5-8 所示，如 SYV-75-3-1。

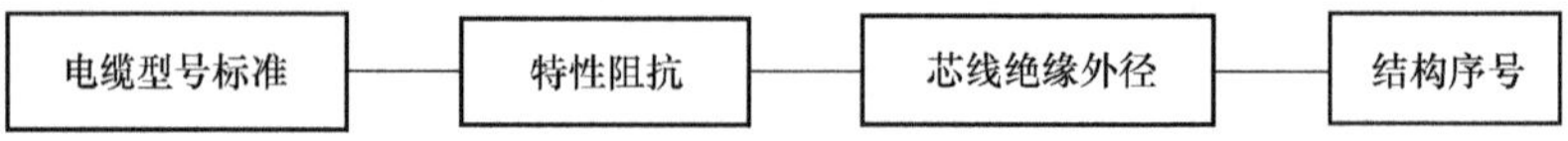

图 5-8 同轴电缆的型号标准格式

5.1.3　同轴电缆接头的制作

1. 材料准备

同轴电缆（具体长度参照实际需要）、BNC 连接器 2 个、电烙铁、焊锡、常用工具（剥线钳、卡线钳、尖嘴钳等）。

2. 制作过程

（1）剥线

由同轴电缆的结构（见图 5-2）可知，同轴电缆由外向内分别为胶皮护套、金属屏蔽网（接地屏蔽线）、乳白色透明绝缘层和芯线（信号线）。其中，芯线由一根或多根铜线构成，金属屏蔽网线是由金属线编织的金属网，芯线和屏蔽网线之间用乳白色透明绝缘物填充。剥线时，可用剥线钳将同轴电缆外层保护胶皮剥去 1 ~ 2cm，尽量不要割断金属屏蔽网线，再将芯线外的乳白色透明绝缘层剥去 0.5 ~ 1cm，使芯线裸露。剥好一端的同轴电缆如图 5-9 所示。

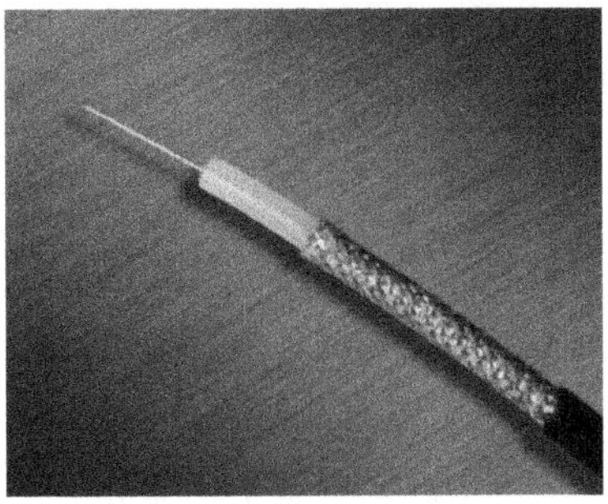

图 5-9　剥好一端的同轴电缆

（2）芯线的连接

BNC 接头一般由 BNC 接头本体、芯线插针、屏蔽金属套筒三部分组成，如图 5-10 所示。芯线插针用于连接同轴电缆芯线。在剥线之后，将芯线插入芯线插针尾部的小孔，使用卡线钳前部的小槽用力夹一下，使芯线压紧在小孔中。当然，也可以使用电烙铁直接焊接芯线与芯线插针，焊接时注意不要将焊锡流在芯线插针外表面。如果没有专用卡线钳可用电工钳代替，需要注意将芯线压紧以防止接触不良，但要用力适当以免造成芯线插针变形。

图 5-10　BNC 接头的结构

（3）装配 BNC 接头

连接好芯线后，先将屏蔽金属套筒套入同轴电缆，再将芯线插针从 BNC 接头本体尾部孔中向前插入，使芯线插针从前端向外伸出，最后将屏蔽金属套筒前推，使套筒将外层金属屏蔽线卡在 BNC 接头本体尾部的圆柱体内。

（4）压线

保持套筒与金属屏蔽网线接触良好，用卡线钳用力夹套筒，使 BNC 接头本体固定在线缆上。

重复（1）~（4）步，在同轴电缆另一端制作。两端均制作好的同轴电缆连接线如图 5-11 所示。待 BNC 电缆制作完成，最好用万用表进行检查后再使用，断路和短路均会导致信号传输故障。

图 5-11 制作完成的同轴电缆连接线

学生实训 12 视频同轴电缆接头的制作

1. 实训内容

1）认识各种传输线，要求熟练掌握视频同轴电缆的结构；会用剥线钳剥视频同轴电缆。

2）练习电缆接头的制作，并测试焊接质量。

3）评价焊接质量的好坏。基本做到无虚焊、无脱焊、无连焊、焊点光滑、呈圆锥状。

2. 实训设备

1）视频同轴电缆、控制电缆和网线、电缆接头。

2）工具。

3. 实训要求

学生能够独立完成剥视频电缆和视频头的焊接工作，焊接过程要严格遵照工程焊接要求。要求学生细心认真，勤动手，有耐心，并且注意安全。

5.2 射频及微波传输

5.2.1 射频传输

射频传输是借鉴有线电视的一种传输方式，它仍属于电缆传输。它的不同在于先将信号调制到高频，然后再进行传输，在接收端经解调后才恢复成原始信号。图 5-12 所示为射频传输示意图。

注意：射频（RF）泛指信号经调制后的高频，一般为数十至数百兆赫兹，以波长来区分。微波是频率更高的电磁波，可达数千兆赫兹。

图 5-12 所示的仅是单向的信号传输，因此，对于有系统主机和解码器的监控系统，还需另外敷设通信电缆。在实际应用中，有两种场合可考虑用射频传输：一是低频强干扰环境；二是多路视音频信号的长距离传输。

射频同轴电缆与同轴电缆结构类似，但屏蔽层材料也不完全是铜线编制网，有些采用氩

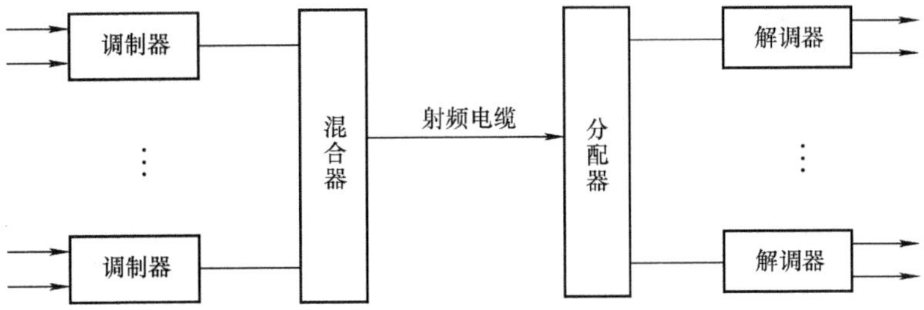

图5-12　射频传输示意图

弧焊接铝管。常用的有SYKV系列纵孔聚乙烯绝缘同轴电缆（耦芯电缆）和SYWV物理发泡同轴电缆，如图5-13所示。

5.2.2　微波传输

微波传输属于开路传输，其最大特点就是前端和中心控制室之间不需要任何电缆，且传输距离可达上百公里。由于频率高，所用的发射天线通常选为高增益的螺旋定向天线和抛物面天线。

在监控系统中，微波传输方式大都是点对点方式，即前端信号进入到小型微波发射机后直接经定频微波传输到中心端的接收机处，因此，每一点的传输都需要占用一个微波频道，当监控点数量较多时，就会受到总频宽的制约。

由于微波发射是单方向的，因此，还需要配置一套指令发射与接收系统，即在中心端配置控制指令发射机，并在各监控点配置控制指令接收机。由于控制指令的发射是一对多方式，因此指令发射机一般采用鞭状全向发射天线。

图5-13　物理发泡同轴电缆

5.3　光纤传输

5.3.1　光纤传输特点

光纤传输的特点如下：

1）抗电磁干扰、电绝缘、耐腐蚀、本质安全。

2）灵敏度高。

3）重量轻、体积小、可挠曲。

4）测量对象广泛。

5）对被测介质影响小，有利于在医药卫生等具有复杂环境的领域中应用。

6）便于复用，便于成网。

7）成本低。

8）频带宽，动态范围大。

5.3.2 光纤的传输原理

光纤是光导纤维的简称。通常，它是由高纯度的石英玻璃为主掺少量杂质锗（Ge）、硼（B）、磷（P）等材料制成的细长的圆柱形，细如发丝（通常直径为几微米到几百微米）。光纤有两个同轴区，内区称为纤芯，外区称为包层。通常，在包层外面还有一层起支撑保护作用的套层。

光纤是利用光的全反射原理进行信号传输的，如图 5-14 所示。

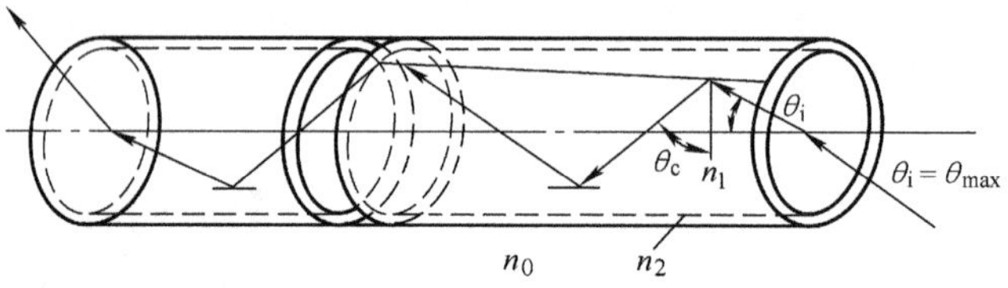

图 5-14 光纤传光示意图

由于光纤的材料和制造工艺不同，光在光纤中传播都会有一定衰减。根据吸收损耗与波长的关系，在通信频带范围内定义了三个光纤窗口。所谓窗口，就是指吸收损耗非常低的中心波长，即 0.85μm、1.3μm、1.55μm，分别称为第一、第二、第三窗口。典型光纤衰减谱曲线如图 5-15 所示。

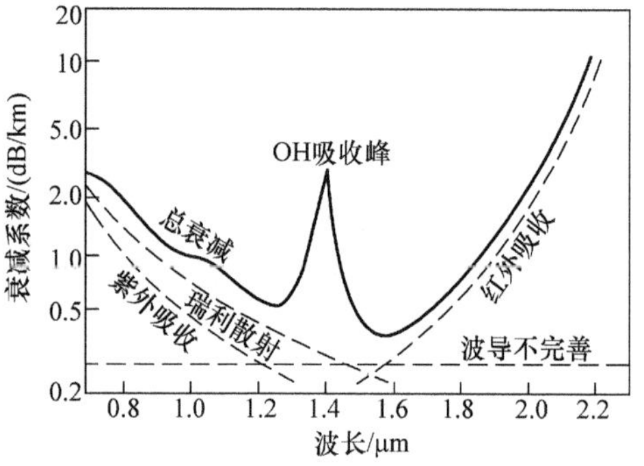

图 5-15 典型光纤衰减谱曲线

5.3.3 光缆

光纤本身是非常脆弱的，实际使用的是光纤束组成的光缆。光缆除具有多层金属与非金属的保护套管外，在其中心还有一根抗拉钢丝。图 5-16 所示为两种常见光缆的结构，都属于松套管结构。

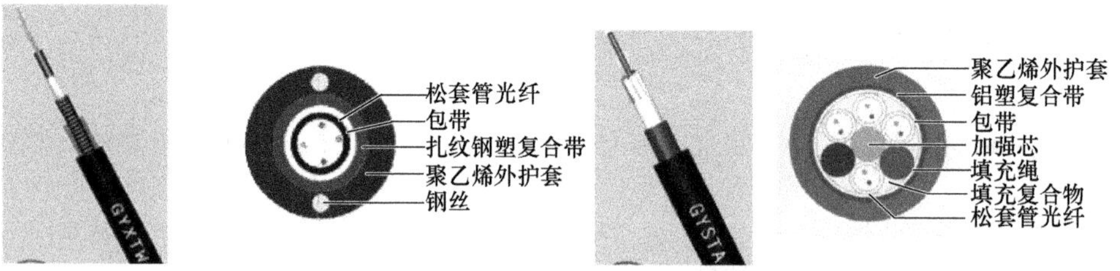

图 5-16 两种常见光缆的结构

光缆与光发射机和光接收机相连时，必须使用连接器。为了保证连接器的光纤能够与发射机和接收机上接口座内的光纤平滑无缝地连接，须对光纤连接器的光纤截面进行磨光处理，此过程需借助专用的光纤连接磨光机来完成。光缆的接头处不能像电缆那样简单焊接，而是要借助光纤熔接机对每一根光纤进行熔接，图 5-17 所示为常见光纤连接器和光纤熔接机。

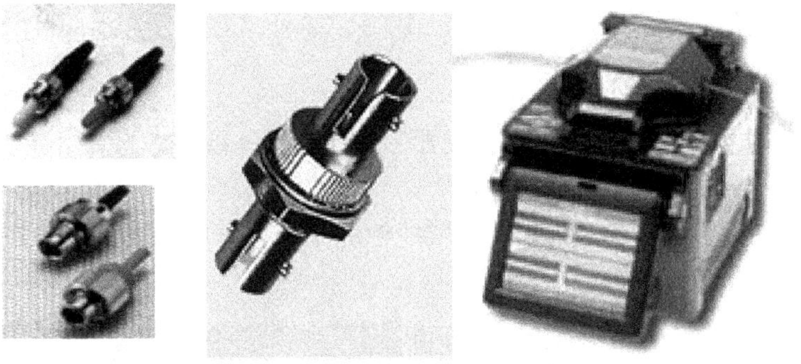

图 5-17 光纤连接器和光纤熔接机

5.3.4 光纤传输设备

光纤传输设备包括光发射机、光接收机（光端机）以及波分复用器（WDM）等，还有光放大器、光切换器及光分配器（分光器）等。

光发射机接收电信号输入并将其转换为按电信号规律变化的光信号输出；光接收机接收光信号输入并将其还原为与发射端一致的电信号输出；光放大器用于长距离传输时的光中继；光切换器用于从多路光信号中选择一路或几路光输出；光分配器是将一路光信号分配为多路；波分复用器可以使多路光信号在同一光纤中传输而不互相干扰。图 5-18 所示为一款 16 路数字光接收机。

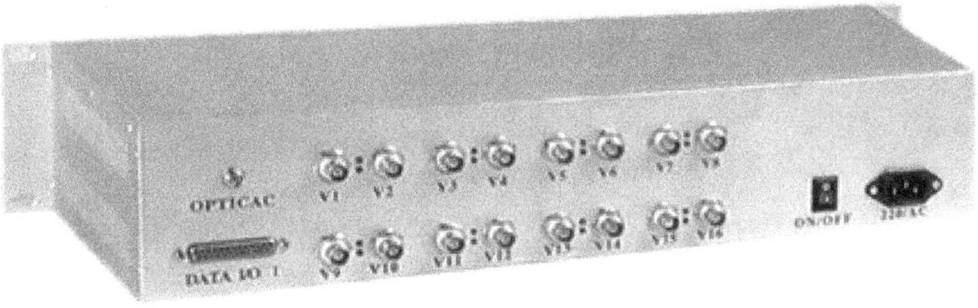

图 5-18 16 路数字光接收机

根据光纤传输的特点，可以方便地在单根光纤中同时传输几路光信号。图 5-19 所示为一实际监控系统利用光纤实现双向视频/数据传输的应用图。

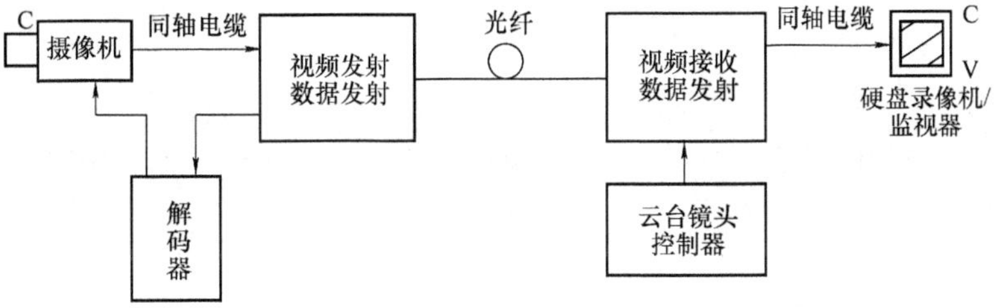

图 5-19 利用光纤实现双向视频/数据传输

5.3.5 光纤熔接

1. 材料准备

光纤跳线、单模一芯光纤、光纤切割器、工业酒精、纸巾、光纤熔接机、热缩管。

2. 制作过程

1）用工具剥离单模一芯光纤和光纤跳线绝缘层。剥好的跳线内绝缘层与外保护层之间距离约 10cm，如图 5-20 所示。

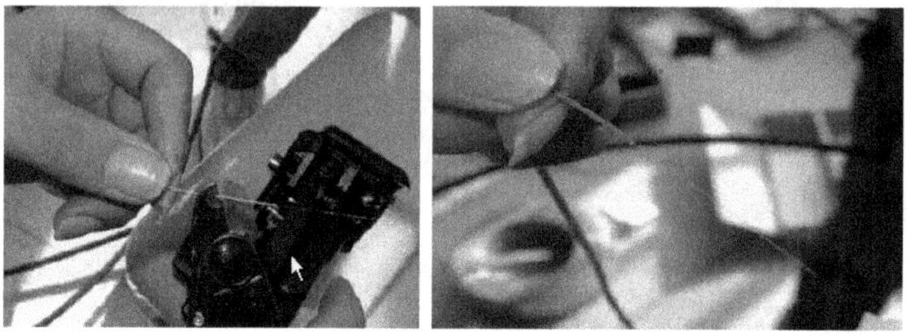

图 5-20 剥离光纤跳线石棉保护层

2）用蘸有工业酒精的纸巾将光纤擦拭干净，并在单模一芯光纤端套入热缩管，如图 5-21所示。

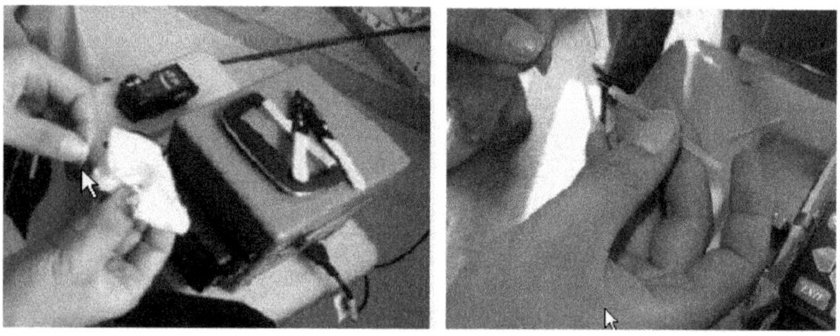

图 5-21 擦拭光纤与套热缩管

3）用光纤切割器切割光纤，长度适中，切割后大约 3 ~ 5cm，如图 5-22 所示。

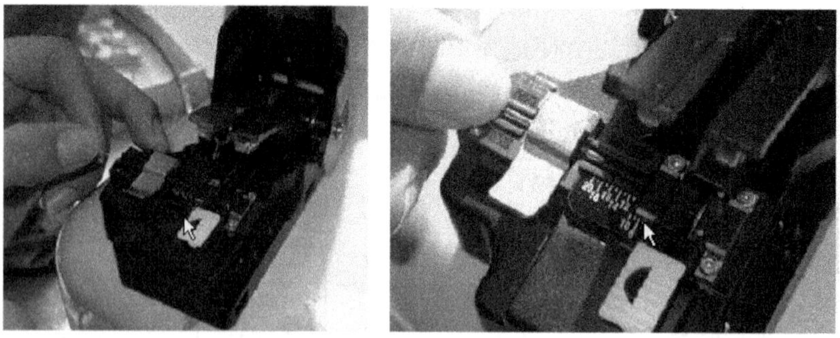

图 5-22 切割光纤和跳线

4）分别将切割好的光纤和光纤跳线放到光纤熔接机的两侧卡槽内，熔接端对齐，但不接触，调整好后固定，如图5-23所示。

图5-23　固定好两段需要熔接的光纤

5）按“SET”键开始熔接光纤。熔接完毕后观察损耗值为“0db”，表示熔接成功，如图5-24所示。

图5-24　熔接与检测

6）用热缩管完全套住熔接部分，并放入加热器中，按“HEAT”键加热，如图5-25所示。

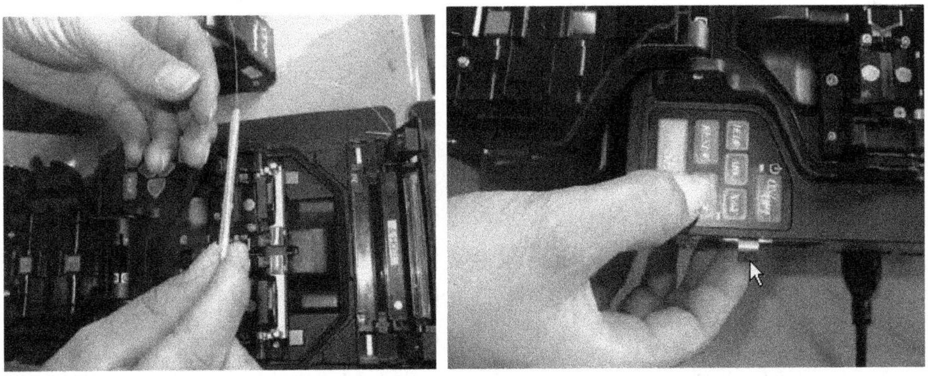

图5-25　套入热缩管并进行加热

7）取出加热好的光纤，晾置，如图5-26所示。

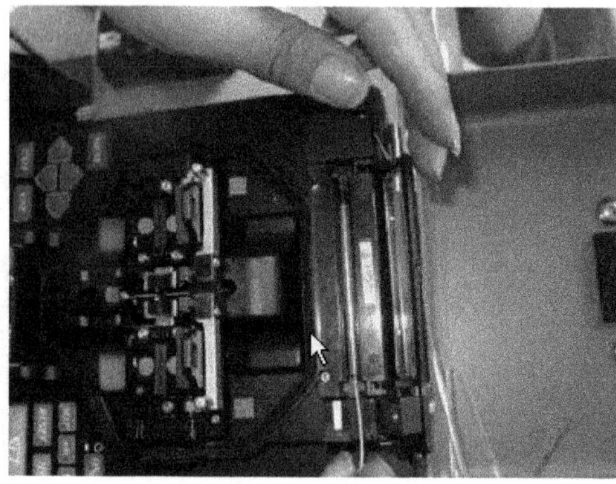

图5-26 取出光纤晾置

此为一芯光纤与跳线的整个熔接过程，如在工程中使用的为光缆，则照此过程一芯一芯熔接，直至整条光缆熔接完毕。

学生实训13 光纤的认知和熔接

1. 实训内容

1）认识常用光纤和光缆，掌握光纤和光缆的外部结构。

2）学习光纤熔接机的使用方法。

3）能够使用光纤熔接机完成两段光纤的熔接操作，并检查熔接质量。

2. 实训设备

1）光纤、光纤熔接机。

2）常用工具。

3. 实训要求

1）学生能够独立完成光纤的熔接工作，熔接过程应遵循规范要求。

2）要求学生细心认真，勤动手，有耐心，并且注意安全。

5.4 双绞线传输

在目前多数闭路电视监控系统中，用来传输视频信号的介质主要有同轴电缆和光纤。一般在小范围的监控系统中，由于传输距离较近，使用同轴电缆直接传送对图像质量的损失不大，完全可以满足实际使用要求。但是，根据对同轴电缆自身特性的分析可知，通常信号频率越高，传输距离越远，衰减越大。所以，同轴电缆只适合于在小于500m的距离范围内传输视频信号。当传输距离超过500m时，图像质量将会明显下降，特别是色彩变得暗淡，有失真感。另外，同轴电缆一般只能传输视频信号，如果系统中需要同时传输控制数据、音频等信号，则需要另外布线，这就增加了工程成本。在远距离传输情况下，光纤传输是一种不错的选择，但由于光纤整体传输系统价格太高，光纤敷设、连接需要专门设备，并且安装调试困难，不易维修，所以对于 500 ~ 1000m 内的信号传输而言，光纤传输的性价比并不理想。

双绞线是一种广泛使用的传输介质，例如，电话传输使用的就是双绞线；当今广泛使用的局域网也是使用双绞线对进行数据信号传输；在很多工业控制系统中，或干扰较大的场所以及远距离传输中都使用了双绞线。双绞线价格低廉，在楼宇综合布线系统中应用广泛，且对安装、使用和维护的技术要求较低，所以如果能将其应用在闭路电视监控系统工程中，将大大降低工程难度，节约工程成本和线缆资源。同时双绞线平衡传输的方式也增强了信号的抗干扰能力，使得在一定距离内的视频信号传输质量能够得到保证。结合双绞线的特点以及监控系统工程发展的需要，国内外相关的一些厂家都开发出了相应的产品，如美国 FSL（佛斯伦）视频双绞线传输设备，美国 NVT（恩威特）双绞线视频传输器，北京朗瑞奇科技有限公司开发设计的卓越牌双绞线传输设备等。国内越来越多的监控系统工程也采用了双绞线作为传输介质，例如南京理工大学、苏州拙政园、新疆乌鲁木齐购物广场、浙江大学、山东潍坊监狱、山东青岛香格里拉大酒店等。

5.4.1 双绞线特性

双绞线（Twisted Pair，TP）是综合布线工程中最常用的一种传输介质。双绞线由两根具有绝缘保护层的铜导线组成。把两根绝缘的铜导线按一定密度互相绞在一起，可降低信号干扰的程度，每一根铜导线在传输中辐射的电波会被另一根铜导线上发出的电波抵消。双绞线一般由两根 22 ~26 号绝缘铜导线相互缠绕而成。如果把一对或多对双绞线放在一个绝缘套管中便成了双绞线电缆。在双绞线电缆内，不同线对具有不同的扭绞长度。一般扭绞长度在 14 ~38.1cm 内，按逆时针方向扭绞，相邻线对的扭绞长度在 12.7cm 以上。目前，双绞线可分为非屏蔽双绞线（Unshielded Twisted Pair，UTP）和屏蔽双绞线（Shielded Twisted Pair，STP）两大类。

图 5-27 所示的屏蔽双绞线电缆的外层由铝泊包裹，以减小幅射。屏蔽双绞线有较高的传输速率，100m 内可达到 155Mbit/s，但价格略贵。根据屏蔽方式的不同，屏蔽双绞线又分为两类，即 STP（Shielded Twicted-Pair）和 FTP（Foil Twisted-Pair）。STP 是指每条线都有各自屏蔽层的屏蔽双绞线，如图 5-27a 所示，而 FTP 则是采用整体屏蔽的屏蔽双绞线，如图 5-27b所示。需要注意的是，屏蔽只在整个电缆均有屏蔽装置，并且两端正确接地的情况下才起作用。所以，要求整个系统全部是屏蔽器件，包括电缆、插座、水晶头和配线架等，同时建筑物需要有良好的地线系统。

非屏蔽双绞线电缆是由多对双绞线和一个塑料外皮构成。按非屏蔽双绞线电气性能划分，双绞线可以分为 1 类、2 类、3 类、4 类、5 类、超 5 类、6 类、超 6 类、7 类共 9 种类型。高类双绞线与低类双绞线的主要差别是线对的绞合程度不同，绞合越紧，抗干扰性能越好，传输数据率越高。通常所说的 5 类线是指由 4 对双绞线合为一束的非屏蔽线，如图 5-28a所示，它通过压接如图 5-28b 所示的 8 针 RJ-45 接头（水晶头）构成如图 5-28c 的网线，用于网络设备互联。

1985 年初，计算机工业协会（CCIA）提出对大楼布线系统标准化的倡议，美国电子工业协会（EIA）和美国电信工业协会（TIA）开始标准化制定工作。1991 年 7 月，ANSI/EIA/

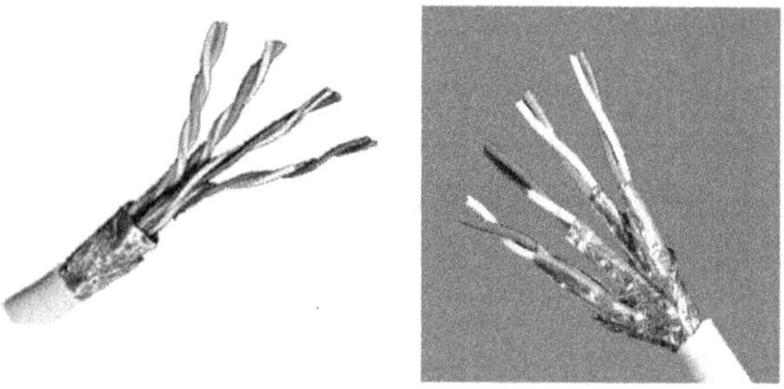

a) b)

图 5-27 屏蔽双绞线

a）4 对 STP 屏蔽双绞线 b）4 对 FTP 屏蔽双绞线

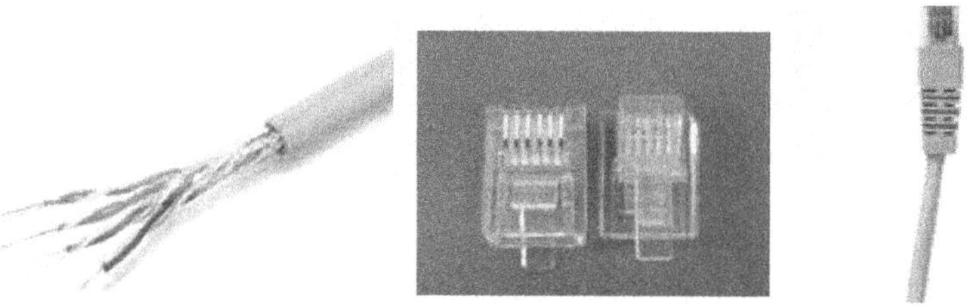

a) b) c)

图 5-28 5 类双绞线与 RJ-45 接头的连接

a）5 类双绞线 b）RJ-45 接头（水晶头） c）网线

TIA-568 即《商业大楼电信布线标准》问世。EIA/TIA-568 标准规定了两种 RJ-45 接头网线的连接标准，即 EIA/TIA-568A 和 EIA/TIA-568B。这两种标准的连接方法如图 5-29 所示（见文前彩插）。

如果一根网线两端线序一致，即两端都为 EIA/TIA-568A 或 EIA/TIA-568B，则称之为直通线。图 5-30 所示（见文前彩插）为线序 EIA/TIA-568B 的直通线。直通线主要用于不同种类网络设备的连接，如交换机-服务器、交换机-个人计算机等。

如果一根网线一端线序为 EIA/TIA-568A，另一端为 EIA/TIA-568B，则称之为交叉线，如图 5-31 所示（见文前彩插）。交叉线主要用于相同种类网络设备的连接，如交换机级联、个人计算机-个人计算机等。

5.4.2 双绞线的传输原理与设备

1. 双绞线的传输原理

同轴电缆属于非平衡式传输线，双绞线属于平衡式传输线。视频设备，包括信号源及显示设备，其接口通常是非平衡式的。因此，要用双绞线传输视频信号，必须在发送端将非平衡信号转换为平衡信号，以便驱动双绞线，在接收端再将平衡信号转换为非平衡信号，与显示设备连接。一个基本的双绞线视频传输系统如图 5-32 所示。图中的 A1 是差分信号发送放大器，完成非平衡到平衡的转换，A2 是差分信号接收放大器，完成平衡到非平衡的转换。

图 5-32　基本双绞线视频传输系统

2. 双绞线传输器

如图 5-33 所示，双绞线、双绞线视频传输器与双绞线视频接收器共同构成实际的信号传输通道。

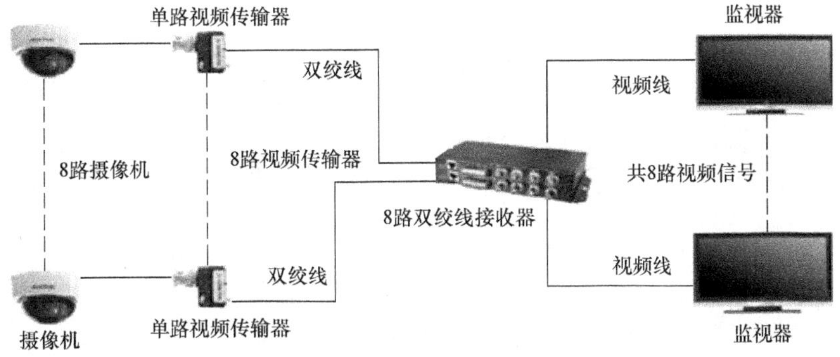

图 5-33　双绞线传输系统

双绞线视频传输器主要是将非平衡式的视频基带信号转换为平衡式的视频信号，这样信号就可以直接在双绞线上传输，同时不容易受到各种干扰信号的影响。最简单的发射转换器，实质是一个高磁通量、高带宽的磁环上的平行并绕的视频互感线圈，这就是常说的无源转换器。它只起到平衡/非平衡转换的作用，是个无源器件，不会带来新的失真，也不会产生噪声，但对信号有一定程度上的衰减。到了监控终端，由于录像、显示等大部分监控设备的输入端口都是非平衡式的，所以又需要双绞线视频接收器将双绞线传输过来的平衡信号再转换为非平衡信号。同时由于视频信号在双绞线上传输时，信号有高频分量的衰减，所以经过双绞线传输之后的平衡视频信号，一般情况下都必须经过一个放大电路进行放大，并且针对信号（特别是高频信号）的衰减情况，给予提升恢复，然后再变换成非平衡信号，供监视器等后级设备使用。一般双绞线接收器上有两个可调的电位器，分别根据实际情况调节整个放大器的放大增益以及对高频分量的补偿量。

5.4.3　双绞线接头的制作

1. 材料准备

双绞线、RJ-45 接头（水晶头）、压线钳。

2. 制作过程

1）剥线。利用压线钳的剥线刀口剥去双绞线绝缘外皮，长度大约为 3cm 露出 4 对双绞线，如图 5-34 所示。

2）排线。将 4 对双绞线分别打开，按线序从左至右排列整齐（根据实际需要确定线序，本次以 EIA/TIA-568B 的直通线为例），如图 5-35 所示。

3）切线。利用压线钳的剥线刀口将按线序排列好的 4 对双绞线切齐，长度大约为 1cm，

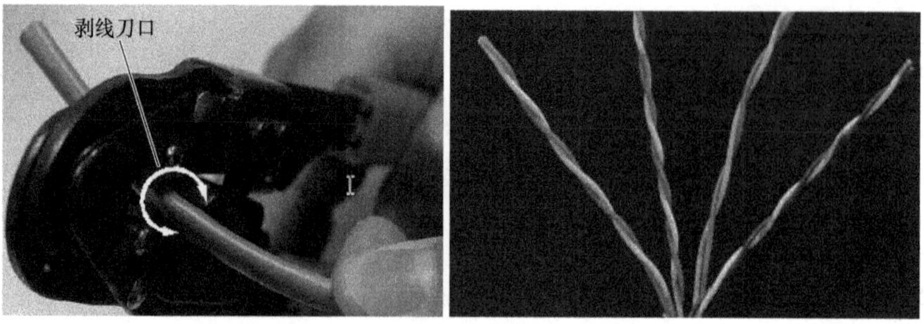

图 5-34 剥线

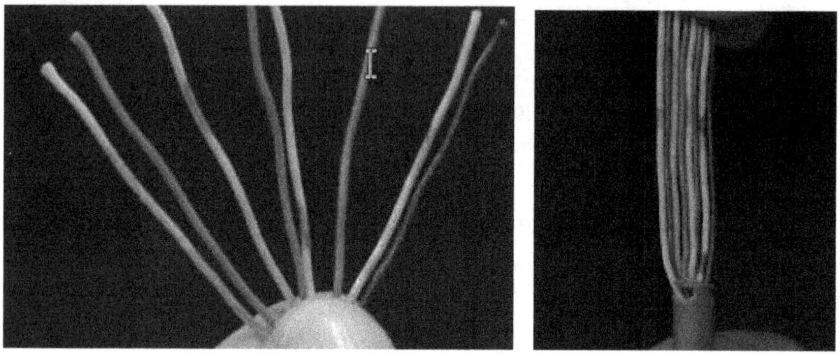

图 5-35 排线

如图 5-36 所示。

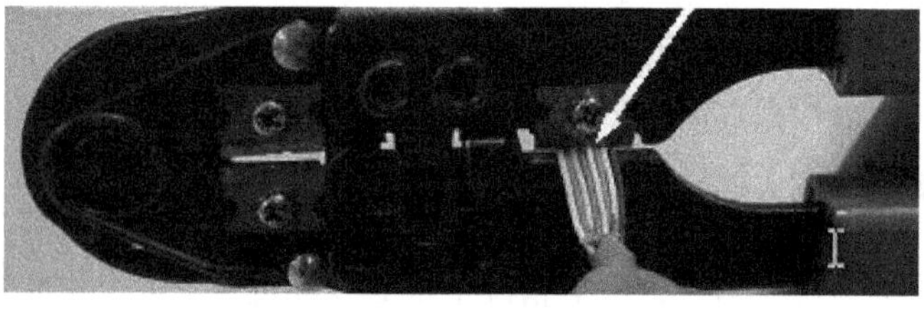

图 5-36 切线

4）插线。将切齐的双绞线按图 5-37 所示方向插入 RJ-45 接头，并用力将 4 对双绞线推入接头最顶端。

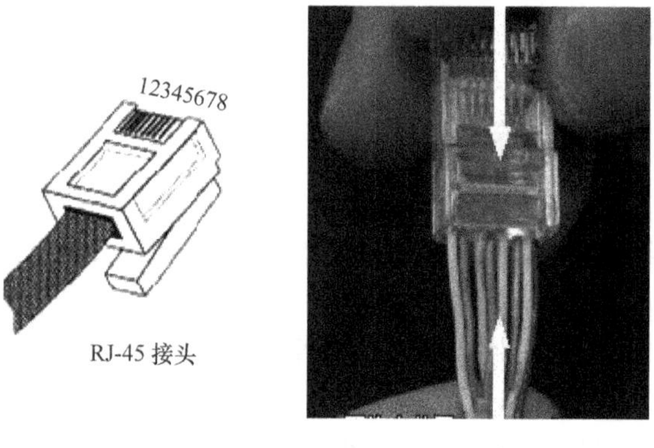

图 5-37 插线

5）压线。将插接好的 RJ-45 接头放入压线钳的压接卡槽，用力合拢压线钳进行压接，如图 5-38 所示。

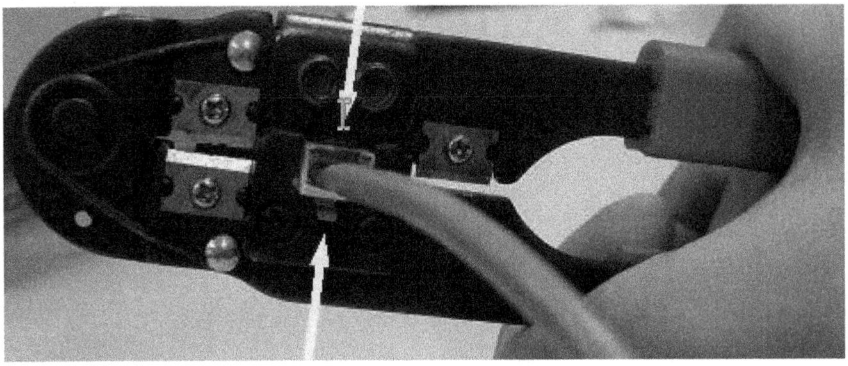

图 5-38　压线

双绞线的另一端照此制作方法制作完成，则一根网线制作完毕，可用于网络设备的连接。

6）测试。如图 5-39 所示将制作好的网线两端分别接入到测试仪的 RJ-45 插口，打开测试仪开关，观察灯的闪亮情况。直通线时灯的闪亮顺序为 1-1，2-2，3-3，4-4，5-5，6-6，7-7，8-8；交叉线灯的闪亮顺序为 1-3，2-6，3-1，4-4，5-5，6-2，7-7，8-8。如果对应线序灯的闪亮顺序正常则制作好的网线质量良好，可以正常使用。

图 5-39　网线测试

学生实训14　双绞线接头的制作

1. 实训内容

练习双绞线接头的制作，做到压线正确，无松脱现象。

2. 实训设备

1）双绞线测试仪。

2）双绞线、RJ-45 接头（水晶头）。

3）工具。

3. 实训要求

学生能够独立完成网线和 RJ-45 接头（水晶头）的连接，会检验制作结果。

单 元 小 结

本单元介绍了监控系统的传输方式。监控系统中常用的传输方式主要有直接电缆传输、射频传输、微波传输、光纤传输、双绞线传输。其中，直接电缆传输较为普及，即利用同轴电缆传输视频信号、音频电缆传输音频信号、多芯电缆传输控制信号，根据传输距离的不同可选择不同型号的电缆进行传输，或增加信号放大器，保证传输质量。随着传输距离的增加和对传输质量的要求提高，可选择光纤传输。光纤传输损耗小，但设备较多，调试较为复杂。在新型的智能建筑中，网络较为普及，基于系统整合和综合布线的需要，利用双绞线进行监控信号传输的工程案例越来越多。双绞线传输方式灵活，线材造价低，是节约布线成本的有效传输方式。射频和微波传输主要用于布线环境复杂、距离远、系统灵活性较强的场合。各种传输方式有其自身的优点和局限性，工程中需根据实际情况综合考虑，选择合适的传输方式。此外，通过本单元的学习还应掌握同轴电缆和双绞线接头的制作以及光纤熔接的方法，为以后的工程实践打下基础。

习　题

1. 简述视频同轴电缆的结构。
2. 总结电缆接头制作的步骤和注意事项。
3. 简述光纤熔接的方法和注意事项。
4. 简述双绞线的结构。
5. 总结双绞线接头的制作步骤和注意事项。

单元 6　网络监控系统

学习目标：

1. 了解网络监控系统的现状、应用和发展。
2. 掌握网络监控系统的构成。
3. 掌握网络监控系统设备的功能。
4. 能够根据需求构建基本的网络监控系统。

重点难点：

1. 网络监控系统设备的功能。
2. 能够根据需要构建基本的网络监控系统。

随着计算机、网络技术日新月异的发展，视频监控的设备和系统构成也在发生变化。目前，视频监控系统已经从模拟系统走向数字化、智能化和网络化。网络监控技术利用计算机网络与互联网协议（IP），使得视频监控超越了地域的限制，只要有网络都可以进行远程监控及录像，真正做到实时、远程监控。网络监控系统在幼儿园、学校、生产企业等场合的应用也越趋成熟。用户只需依靠普通的计算机网络就可登录系统查看监控现场的实时情况，大大满足了人们生产、生活的需求。本单元将借助几个网络监控系统的案例，介绍网络监控系统的结构、设备等内容。

6.1　认识网络监控系统

网络监控系统越来越多地运用到了人们的生产、生活中，极大满足和方便了用户随时、随地查看监控现场情况的需求。同时，网络监控系统主要以计算机网络技术和互联网协议为基础，在网络技术发展迅猛的今天，系统构建过程相对简单，涉及的工程量与工程难度相比闭路电视监控系统要小很多，所以应用的范围在不断扩大。图 6-1 ~ 图 6-5 所示为在不同场合应用的网络监控系统示意图。

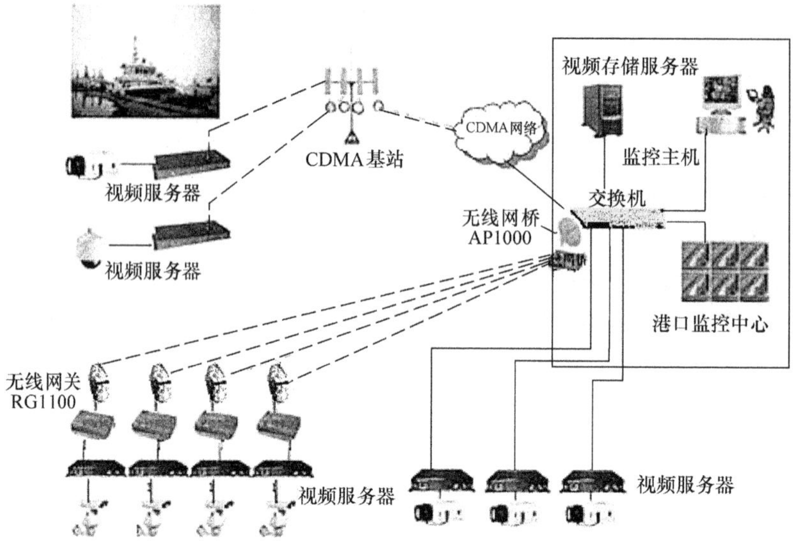

图 6-1　港口网络监控系统

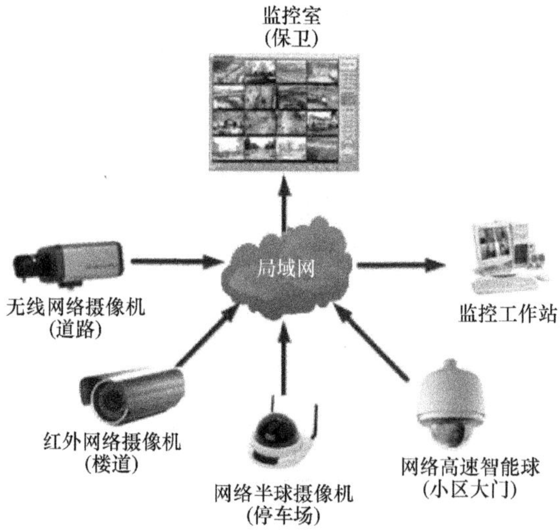

图 6-2　住宅小区网络监控系统

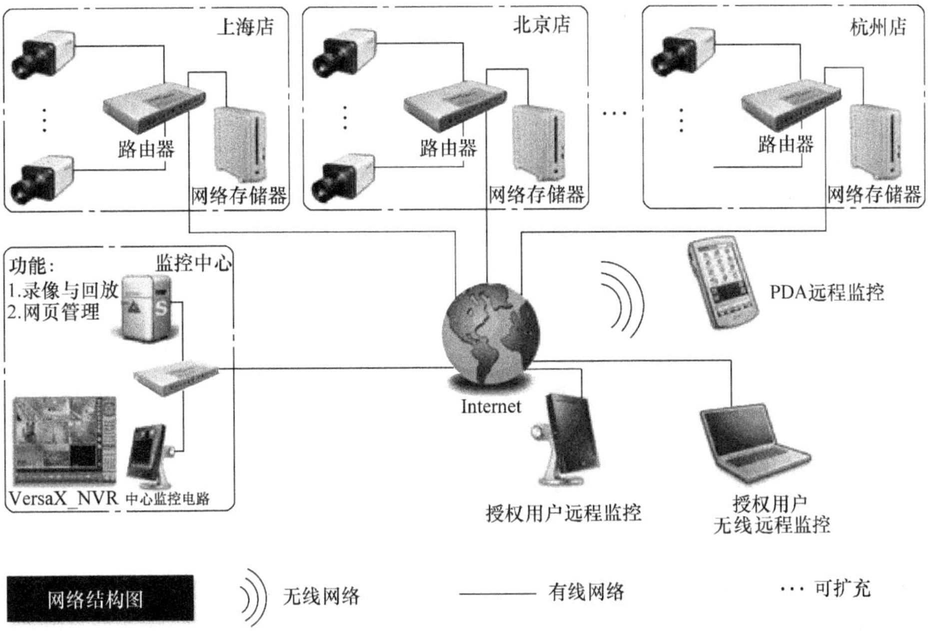

图 6-3　连锁店网络监控系统

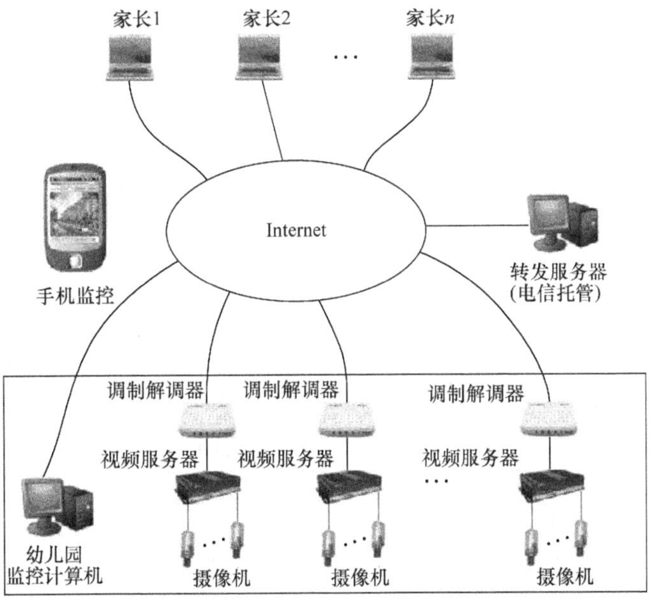

图 6-4　校园网络监控系统

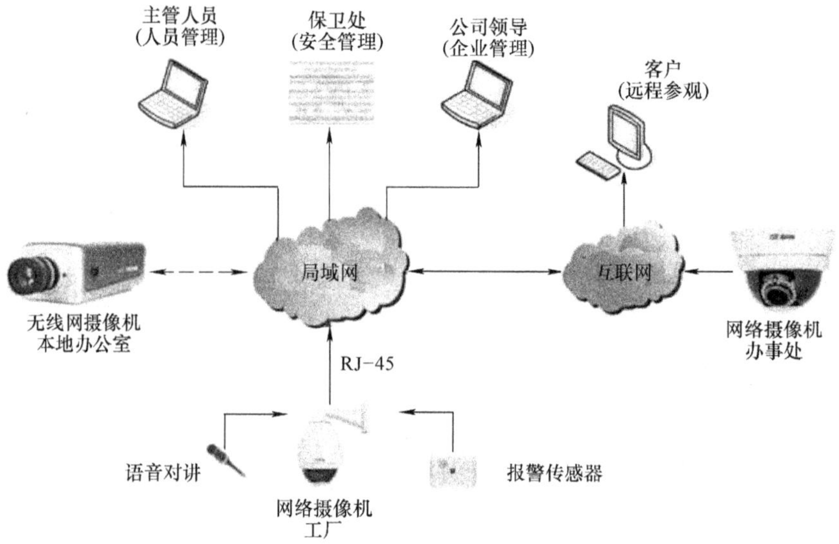

图 6-5 某企业网络监控系统

6.2 网络监控系统的结构和设备

分析图 6-1 ~ 图 6-5 所示的各类网络监控系统，可知网络监控系统根据设备数字化的程度大致分为全数字化系统和局部数字化系统两大类。全数字化网络监控系统是指网络监控系统中的设备从前端采集、传输到后端存储管理全部采用数字化设备，如图 6-2、图 6-3 所示。局部数字化网络监控系统是部分或全部前端采用模拟摄像机，在视频的汇聚点进行数字化的记录和网络传输，如图 6-1、图 6-4 和图 6-5 所示。全数字化网络监控系统主要由前端采集（网络摄像机）、传输、网络存储、管理控制四部分构成。而由于局部数字化网络监控系统前端采集部分使用的是模拟摄像机，所以需要增加编码部分（网络视频服务器）对模拟图像、声音信号进行数字化编码，以便与后级数字设备进行信号匹配，除此之外组成部分与全数字化网络监控系统相同。

1. 前端采集部分

全数字化的网络监控系统如图 6-2、图 6-3 所示。前端采集多采用网络摄像机，如图 6-6所示。网络摄像机是传统摄像机与网络视频技术相结合的新一代产品。摄像机传送来的视频信号数字化后由高效压缩芯片压缩，通过网络总线传送到 Web 服务器。网络用户可以直接用浏览器观看 Web 服务器上的摄像机图像，授权用户还可以控制摄像机云台镜头的动作或对系统配置进行操作。网络摄像机采用了先进的摄像技术和网络技术，具有强大的功能。内置的系统软件能实现真正的即插即用，使用户免去了复杂的网络配置；内置的 I/O 端口和通信口便于扩充外部周边设备，如门禁系统、红外线感应装置、全方位云台等。

网络摄像机一般由镜头、图像传感器、声音传感器、A-D 转换器、图像声音编码器、控制器、网络服务器、外部报警、控制接口等部分组成。其中镜头、图像传感器、声音传感器部分与闭路电视监控系统中采用的模拟摄像机和拾音器相同，在此不再赘述，只对其他与模拟摄像机不同的部分进行介绍。

A-D 转换器的功能是将图像和声音等模拟信号转换成数字信号。基于 CMOS 模式的图像传感器模块有直接数字信号输出的接口，无需 A-D 转换器；而基于 CCD 模式的图像传感器模块，如果有直接数字输出的接口，也无需 A-D 转换器，但由于此模块主要针对模拟摄像机设计，只有模拟输出接口，故需要进行 A-D 转换。

经 A-D 转换后的图像、声音数字信号，按一定的格式或标准进行编码压缩。编码压缩的目的是为了便于实现音/视信号与多媒体信号的数字化；便于在计算机系统、网络以及 Web 网上不失真地传输上述信号。

目前，图像编码压缩技术有两种：一种是硬件编码压缩，即将编码压缩算法固化在芯片上；另一种是基于 DSP 的软件编码压缩，即软件运行在 DSP 上进行图像的编码压缩。同样，声音的压缩也可采用硬件编码压缩和软件压缩，其编码标准有 MP3 等格式。

网络摄像机的基本原理是：图像信号经过镜头输入及声音信号经过麦克风输入后，由图像传感器的声音传感器转化为电信号，A-D 转换器将模拟电信号转换为数字电信号，再经过编码器按一定的编码标准进行编码压缩，再控制器的控制下，由网络服务器按一定的网络协议送上局域网或 Internet，控制器还可以接收报警信号及向外发送报警信号，且按要求发出控制信号。控制器是网络摄像机的心脏，它肩负着网络摄像机的管理和控制工作。如果是硬件压缩编码，控制器是一个独立部件；如果是软件编码压缩，控制器是运行编码压缩软件的 DSP，即二者合二为一。

2. 编码部分

该部分只针对前端采集是模拟摄像机的局部数字化网络监控系统，如图 6-1、图 6-4 和图 6-5 所示。编码部分的设备主要为网络视频服务器。

网络视频服务器如图 6-7 所示，是一种实现音/视频数据编码、网络传输处理的专用设备，它由音/视频编码器、网络接口、音/视频接口、RS-422/RS-485/RS-232 串行通信接口等构成。

图 6-6 网络摄像机

图 6-7 网络视频服务器

数字编码技术是视频服务器的技术核心，也是选择网络视频服务器的首要考察对象。目前比较流行的数字压缩编码格式有 MPEG-4 和 H. 264。

网络视频服务器主要采用 TCP/IP 等协议实现音/视频数据、控制数据和状态检测信息等数据的网络传送。它的以太网接口可以方便地实现 IP 组网和数据传输。标准音/视频接口可以连接前端各通道采集的模拟视音频信号；RS-422/RS-485 串行通信接口可通过通信线外接如云台、快球摄像机等各种外设。

网络视频服务器具有独立完成网络传输的功能，不需要另外配置计算机，能实现简单的IP方式组网。每部网络视频服务器具有网段内唯一IP地址，通过网络连接方便对该设备（IP地址）进行控制管理，也即通过IP地址识别、管理、控制该网络视频服务器所连接的视频源，故其组网只是简单的IP网络连接，新增一个设备只需要增加一个IP地址，极大地方便了网络升级改造和其他网络需求情况。

3. 传输部分

网络监控系统的信号传输主要采用双绞线、光纤的方式。双绞线、光纤传输在闭路电视监控系统的传输部分中已经提及，不再赘述。远距离的传输链路使用光纤和网络光接收机设备，近距离的传输直接使用超5类线接入到交换机。

4. 网络存储部分

由于前端采集的视频数据量较大，所以大部分的网络监控系统都采用网络存储设备，或与数字硬盘录像机相结合，进行视频、音频信息的存储。网络存储设备是指具备资料存储功能的装置，因此也称为“网络存储器”或者“网络磁盘阵列”，如图6-8所示。这是一种采用直接与网络介质（双绞线）相连的特殊设备实现数据存储的机制。由于这些设备都分配有IP地址，所以客户机通过充当数据网关的服务器可以对其进行存取访问，甚至在某些情况下，不需要任何中间介质客户机也可以直接访问这些设备。

网络存储技术（NAS）从结构上讲就是一台精简型的计算机，配备了一定数量的内存，而且大多用户以后可以扩充。在NAS设备中，常见的内存类型有SDRAM（同步内存）、FLASH（闪存）等。不同的NAS产品出厂时配备的内存容量不同，一般为几十兆到数GB（1GB=1024MB）容量不等，这取决于NAS产品的应用范围，一般来讲，应用在小规模的局域网当中的NAS，如果只是应付几台设备的访问，64MB以下内存容量即可。如果是上百个节点以上的访问，就得需要上GB容量的内存。当然，这不是绝对的因素，NAS产品的综合性能发挥还取决于它的处理器能力、硬盘速度及其网络实际环境等因素的制约。

图6-8 网络磁盘阵列

网络存储技术设备的外部接口比较简单，由于只是通过内置网卡与外界通信，所以一般只具有以太网络接口，通常是RJ-45规格，而这种接口网卡一般都是100Mbit/s网卡或1000Mbit/s网卡。另外，也有部分NAS产品需要与SAN（存储区域网络）产品连接，提供更为强大的功能，所以具备光纤通道（Fiber Channel，FC）接口。

5. 管理控制部分

网络监控系统的管理控制部分主要是平台软件，包含了管理服务器、流媒体服务器、控制（配置客户端）端。管理服务器对全网监控设备和服务器实行统一的注册管理，包括对前端网络摄像机的巡检、配置、维护，工作异常的网络摄像机将在平台产生报警；监视存储系统的工作状态，监视电视墙服务器的工作状态，设备工作异常产生报警信息，并产生相关的日志；管理控制中心和客户端的登录用户名/密码，并为每个用户分配对应的权限，用户只能在授权范围内操控监控资源。流媒体服务器将视频数据转发给分控客户端使用。控制

（配置客户端）对整套网络视频监控系统执行配置操作。

6. 中心机房

中心机房内部包含了网络存储子系统、管理控制子系统、是整个监控系统的核心，也是软件平台的核心。设备多采用高端品牌的服务器，因此对设备保护要求严格，特别要保证机房的温度不能过高。供电方面，服务器由 UPS 供电，停电后能正常运行一段时间，而空调器则是采用市电供电，停电后，则无法正常工作。

以上是典型网络监控系统的基本构成。网络监控系统是网络技术、计算机控制技术、监控技术的融合，在互联网普及、综合布线系统日益完善的今天，网络监控系统的应用范围越来越广。

6.3　网络监控系统的应用

以下是某公司为某企业设计的一个网络监控系统，通过这个案例说明网络监控系统的设计与实现过程。

1. 系统概述

本项目需要采用的前端设备可根据需求分为网络摄像机和模拟摄像机两大类，摄像机拍摄的信号通过编码设备转换成为网络信号；存储模式采用稳定可靠的网络存储阵列（IPSAN）模式，集中存储；在中心通过平台软件实现对前端画面的预览及回放。

2. 设计标准

本系统设计及设备选型满足以下规范及标准：

①《安全防范系统通用图形符号》GA/T 74—2000。

②《民用闭路监视电视系统工程技术规范》GB/50198—2011。

③《民用建筑电气设计规范》JGJ 16—2008。

④ 多种广域网通信协议：Frame Relay、TCP/IP、IPX、NetBIOS、HSSI、PPP。

⑤《电气装置安装工程　电气设备交接试验标准》GB 50150—2006。

⑥《电气装置安装工程　电缆线路施工及验收规范》GB 50168—2006。

⑦《安全防范工程程序与要求》GA/T 75—1994。

⑧《安全防范工程费用　预算编制办法》GA/T 70—2004。

⑨《建筑电气工程施工质量验收规范》GB 50303—2002。

3. 设计原则

本方案的设计严格遵守以下原则：

1）先进性。本监控系统采用国际上技术先进、性能优良、工作稳定的监控设备，使整个系统的应用在相当长的一段时间内保持领先的水平。

2）集成性。能将视频监控、报警子系统进行集成，并能在统一的操作平台上实现集中统一的监测、控制和管理。

3）可靠性。系统的可靠性原则应贯穿于系统设计、设备选型、软硬件配置到系统施工的全过程。只有可靠的系统，才能发挥有效的作用。

4）方便性。监控系统的操作应具有灵活简便、人机界面友好、易于掌握的特点，操作人员能够方便地进行使用及维护，使整个系统的功能得以最大实现。

5）实用性。系统采用了人性化的操作界面，高度集成、功能强大、界面直观、操作简便、使用方便，从客户的实际需求出发，让客户得到先进实用的系统。

6）经济性。充分利用原有的设备和人力资源，进行合理的结构调整和整合，尽可能地减少新增资源的投入，让系统的使用更加经济适用。

7）扩展性。系统设计留有充分的余地，以便日后比较方便地进行系统扩充。为此，设备采用模块式结构，在需要时可随时补充。增加视频及其他控制模块，使系统具备灵活的扩展性。

4. 设计目标

系统可通过设在各个区域的视频摄像机、视频解码器、网络摄像机等设备对客户要求部位进行监视控制。可以直观地、实时地、大范围地观察、掌握控制区现场情况和记录事件势态，及时发现并避免可能发生的突发事件，为办公、会议环境的安全提供监控和事实依据。

根据客户监控系统的要求，该网络监控系统需满足以下需求：

① 管理人员实时清晰了解各部位的情况。

② 在中心机房架设监控平台软件、服务器、电视墙以及海量存储设备，进行前端设备的集中管理、存储。

5. 系统拓扑图

系统拓扑示意图如图 6-9 所示。

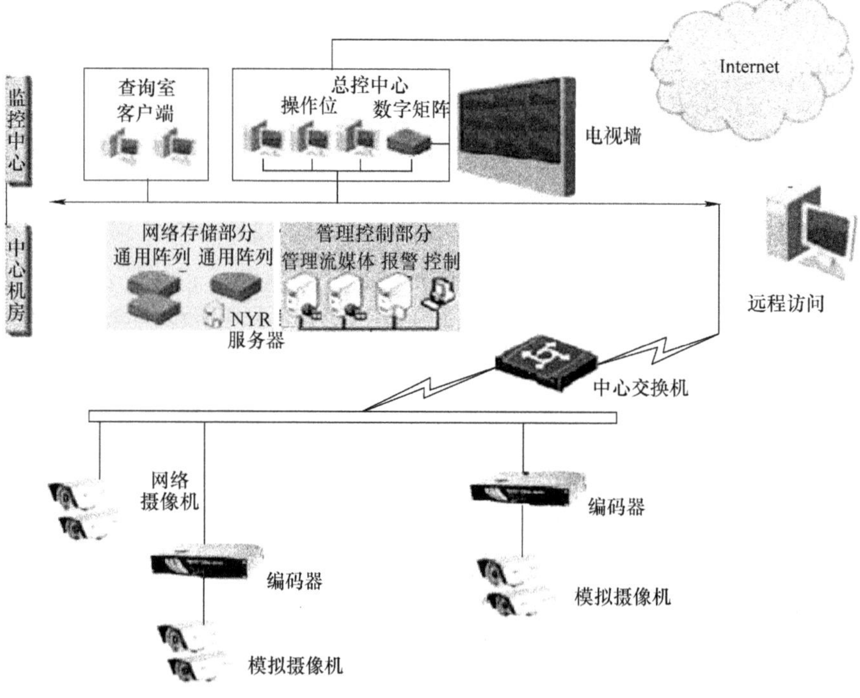

图 6-9 系统拓扑示意图

6. 系统功能详细介绍

1）中心机房。内部包含了存储子系统、管理控制子系统，是整个监控系统和软件平台的核心。

2）前端采集部分。采用网络摄像机和模拟摄像机作为主要的图像采集设备，特点为图像清晰度达到全实时高清晰质量，分辨率为 D1；所有摄像机都采用 6 类线直接接入监控专网。

3）编码部分。编码部分采用视频服务器编码，该部分只针对模拟摄像机部分。

4）传输部分。传输子系统由各类传输设备、交换设备组成，当前端设备到中心机房距离不超过80m时采用6类线接入到交换机，当超过80m时则需使用光纤收发器及光纤传输至交换机。

5）网络存储部分。采用支持国际标准iSCSI/NFS传输协议的磁盘阵列作为核心存储设备。支持国际标准的iSCSI/NFS传输协议的网络摄像机，能直接将视频数据写入磁盘阵列。本项目设计的存储系统需满足101个监控点按D1分辨率保存15天的要求。图像上传方式如图6-10所示。

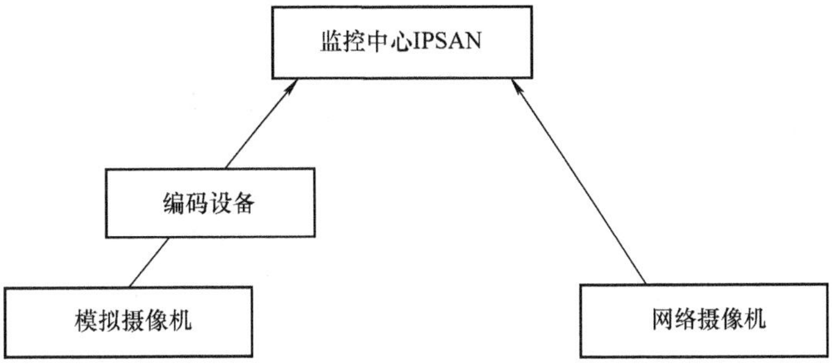

图6-10 图像上传方式

6）管理控制部分。平台软件中包含了管理服务器、流媒体服务器、控制（配置客户端）。管理服务器对全网监控设备和服务器实行统一的注册管理功能，包括对前端网络摄像机的巡检、配置、维护，工作异常的网络摄像机将在平台产生报警；监视存储系统的工作状态，监视电视墙服务器的工作状态，设备工作异常产生报警信息，并产生相关的日志；管理控制中心和客户端的登录用户名/密码，并为每个用户分配对应的权限，用户只能在授权范围内操控监控资源。流媒体服务器将视频数据转发给分控客户端使用；控制（配置客户端）对整套网络视频监控系统执行配置操作。

7）显示部分。采用高性能解码器构建数字矩阵，输出图像到电视墙，兼具传统模拟矩阵的切换、轮巡等功能。每台1U的解码器可同时解码输出8路全实时D1图像。控制台部分由操控客户端和控制键盘组成，能完成调看实时监控图像、回放录像文件、切换电视墙的显示方式等。解码数据流向如图6-11所示。

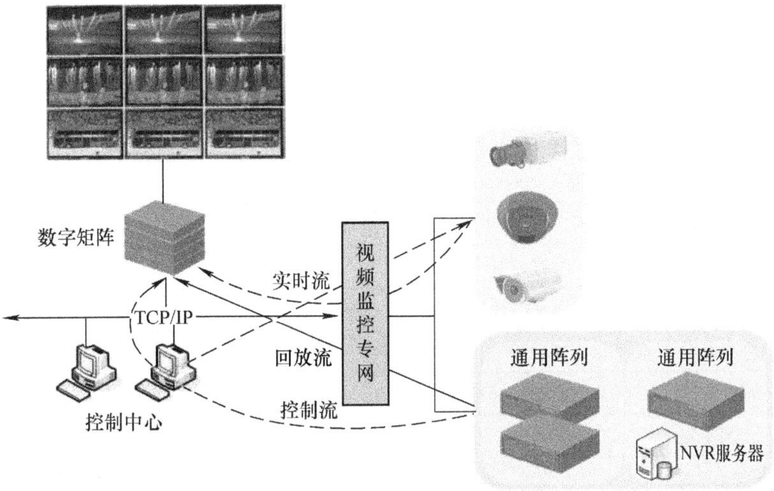

图6-11 解码数据流向示意图

7. 主要设备参数

1）6in 网络智能球形摄像机如图 6-12 所示，型号为 DS-2DF1-632H，其技术参数见表 6-1。

图 6-12 6in 网络智能球形摄像机

表 6-1 6in 网络智能球形摄像机（DS-2DF1-632H）的技术参数

型号和参数		DS-2DF1-632H 6in 网络智能球形摄像机
摄像机	图像传感器	1/4in Sony Super HAD CCD
	有效像素	PAL：752（H）×582（V） NTSC：768（H）×494（V）
	水平解析度	480 TVL（彩色） 520 TVL（黑白）
	信号系统	PAL/NTSC
	最低照度	1.0lx/F1.4（彩色） 0.01lx/F1.4（黑白） 0lx with IR
	白平衡	自动/手动/自动跟踪白平衡/室内/室外
	增益控制	自动/手动
	信噪比	大于 50dB
	背光补偿	开/关
	电子快门	PAL：1/3～1/10，000s NTSC：1/4～1/10，000s
	日夜模式	滤光片彩转黑
	聚焦模式	自动/半自动/手动
镜头	焦距	3.84～88.4mm，23 倍
	变倍速度	大约 5.0s（光学，广角—望远）
	水平视角	52.2～2.36 度（广角—望远）
	近摄距	10～1500mm（广角—望远）
	光圈数	F1.4～F3.8
功能	水平范围	360°连续旋转
	水平速度	水平键控速度：0.1°/s～80°/s 水平预置点速度：120°/s
	垂直范围	-10°～90°（自动翻转）
	垂直速度	垂直键控速度：0.1～60°/s 垂直预置点速度：100°/s
	比例变焦	支持
	预置点个数	256 个

（续）

型号和参数		DS-2DF1-632H 6in 网络智能球形摄像机
功能	巡航扫描	8 条，每条可添加 32 个预置点
	花样扫描	4 条，总记录时间大于 10min
	断电记忆	支持
	守望功能	预置点/花样扫描/巡航扫描/水平扫描/垂直扫描/随机扫描/帧扫描/全景扫描
	方位信息显示	开/关
	预置点视频冻结	支持
	指南针功能	支持，正北方可设
	定时任务	预置点/花样扫描/巡航扫描/水平扫描/垂直扫描/随机扫描/帧扫描/全景扫描
	RS-485 线路故障诊断	支持
	曼彻斯特码支持及故障诊断	支持
报警	报警输入	2 路（7 路可选），优先级可调
	报警输出	2 路，支持报警联动
	报警联动	预置点/花样扫描/巡航扫描/水平扫描/垂直扫描/随机扫描/帧扫描/全景扫描/开关量输出
输入/输出	模拟视频输出	1.0Vp-p/75Ω，PAL 或 NTSC，BNC 头
光纤接口（仅光纤球支持）	数据类型	一路模拟视频，一路反向 485 数据
	物理接口	默认 FC（SC 可选）
	光纤波长	1310/1550nm
	光纤类型	单纤单模
	传输距离	正常 20km，更大距离 40km、60km、80km 可选
一般规范	菜单	中、英文
	云台控制协议	HIKVISION，PELCO-P 和 PELCO-D（协议可添加），协议自适应
	电源	AC24V（DC12V 可选）
	功耗	最大 30W
	工作温度和湿度	-30～65℃，湿度小于 90%
	防护等级	IP66（室外球） TVS 3000V 防雷、防浪涌、防突波
	安装方式	多种安装方式可选根据应用环境进行选择
	尺寸	Φ220.7mm×325.5mm（室外）
	重量	5kg
	可选支架	吸顶装支架：DS-1642ZJ

2）日夜型飞碟摄像机如图 6-13 所示，适用于电梯，型号为 DS-2CC572P（N）-FD1，其技术参数见表 6-2。

图 6-13 日夜型飞碟摄像机

表 6-2 日夜型飞碟摄像机技术参数

型　号	型号	DS-2CC572P（N）-FD1
	名称	540TVL 1/3in CCD 日夜型飞碟摄像机
摄像机	传感器类型	1/3in SONY CCD
	信号系统	PAL/NTSC
	有效像素	PAL：752（H）×582（V） NTSC：768（H）×494（V）
	最小照度	0.1lx（F1.2，AGC ON） 0.28lx（F2.0，AGC ON）
	快门	1/50（1/60）s～1/100，000s
	镜头	3.6mm F2.0（6mm，8mm 可选） 水平视场角：78°（3.6mm）
	镜头接口类型	M12
	日夜转换模式	电子彩转黑
	水平解析度	540TVL
	同步方式	内同步
	视频输出	1Vpp 复合音频输出（75Ω/BNC）
	信噪比	大于 48dB
一般规范	工作温度和湿度	-10～60℃，湿度小于 90%（无凝结）
	电源供应	DC 12（1±10%）V
	功耗	最大 1.5W
	尺寸	Φ97.5mm×52mm
	重量	240g

3）存储设备。磁盘存储阵列如图 6-14 所示，其技术参数见表 6-3。

图 6-14 磁盘存储阵列

表6-3　磁盘存储阵列（DS-A1048R）技术参数

型　　号	DS-A1048R
控　制　器	
处理器	64位双核处理器
高速缓存	2GB（标配，可扩展）
阵列通道	48
磁盘接口	SATA Ⅰ，SATA Ⅱ
热插拔磁盘	支持
RAID级别	RAID0、1、5、10，JBOD，Hot-Spare
网络接口	2-6个，10M/100M/1000M自适应以太网口
电源	冗余电源
操作系统	Windows，Linux，Solaris，HP-UX，AIX，MacOS
协议支持	iSCSI/NFS/CIFS/FTP/HTTP/AFP
性　　能	
实时录像视频路数	4CIF格式（PAL：704×576，NTSC：704×480，1.5Mbit/s）：128路
	CIF格式（PAL：352×288，NTSC：352×240，512Kbit/s）：240路
软　　件	
管理方式	基于Web的GUI，串口CLI，支持多设备统一管理和Web Server重建
管理软件	海康存储StorOS，RAID管理，存储虚拟化，网络虚拟化，监视工具，系统日志，报错处理
规格尺寸	
尺寸（宽×高×深）	430mm×397mm×690mm
功率	1620W
环境要求	
温度	10～40℃
湿度	5%～95%

4）解码器。型号为DS-6308D，如图6-15所示。

DS-6308D支持16个CIF或8个4CIF或4个720P解码输出，主VGA支持1/2/4/9/16画面分割，其他VGA及BNC支持1/2/4画面分割，其技术参数见表6-4。

图6-15　DS-6308D解码器

表6-4 DS-6308D解码器的技术参数

型 号		DS-6308D
视/音频输出	CVBS输出	8路，BNC，分辨率：PAL制式704×576；NTSC制式704×480
	VGA输出	4个，分辨率1280×1024，1280×720，1024×768
	解码音频输出	12路，BNC（线性电平，阻抗600Ω）
视频解码参数	视频解码能力	16个CIF/8个4CIF/4个720P
	视频帧率	PAL：1/16~25帧/s；NTSC：1/16~30帧/s
外部接口	网络接口	1个，RJ-45 10M/100M/1000M自适应以太网口
	串行接口	1个，标准RS-485串行接口
		1个，标准RS-232串行接口
	音频对讲输入	1个，BNC接口（电平2.0Vpp，阻抗1kΩ）
	音频对讲输出	1个，BNC接口（线性电平，阻抗600Ω）
	报警输入	8路
	报警输出	8路
	电源	AC 220V
其他	功耗	≤40W
	工作温度	-10~55℃
	工作湿度	10%~90%
	机箱	19in标准1U机箱
	尺寸（宽×深×高）	440mm×445mm×320mm
	重量（不含硬盘）	≤5kg

学生实训15 认知和组建网络监控系统

1. 实训内容

1）识别网络监控系统设备。

2）能规划一个小型的网络监控系统（方案设计、设备选择）。

3）进行小型网络监控系统的设备连接与组建。

2. 实训设备

网络摄像机、模拟摄像机、编码器、计算机、网络监控软件、存储设备。

3. 实训要求

1）能结合所学理论知识，进行系统设计。

2）在运用所学知识的基础上，有自己的见解。

3）在对设备的使用和操作过程中能做到轻拿轻放，爱护设备。

4）有团队精神与同学间加强合作和交流。

单元小结

本单元主要介绍了网络监控系统的相关知识。网络监控系统根据设备的数字的化程度大致分为全数字化系统和局部数字化系统两大类。全数字化网络监控系统是指网络监控系统中的设备从前端采集、传输到后端存储管理全部采用数字化设备。全数字化网络监控系统主要由前端采集（网络摄像机）、传输、网络存储、管理控制四部分构成。局部数字化网络监控系统是部分或全部前端采用模拟摄像机，在视频的汇聚点进行数字化的记录和网络传输。由于局部数字化网络监控系统前端采集部分使用的是模拟摄像机，所以需要增加编码部分（网络视频服务器）对模拟图像、声音信号进行数字化编码，以便与后级数字设备进行信号匹配，除此之外，组成部分与全数字化网络监控系统相同。

习题

1. 总结全数字化网络监控系统和局部数字化网络监控系统的异同点。
2. 全数字化网络监控系统由哪几部分组成？各部分的作用是什么？
3. 根据自己的理解说明网络监控系统的优势，举例说明网络监控系统的应用场合。

模块2　门禁系统

门禁系统是安全防范系统中的重要组成部分，它与电视监控系统、防盗报警系统一起构成了现代智能大厦和智能小区的安全防范体系。本模块将介绍有关门禁系统的系列知识。

单元7　认识门禁系统

学习目标：

1. 了解门禁系统的现状、应用和发展。
2. 了解门禁系统的种类和功能。
3. 掌握门禁系统的结构和设备组成。

重点难点：

1. 门禁系统的功能和种类。
2. 门禁系统的结构和设备组成。

7.1　门禁系统介绍

出入口门禁安全管理系统是新型现代化安全管理系统，它集计算机自动识别技术和现代安全管理措施为一体，涉及电子、机械、光学、计算机技术、通信技术、生物技术等诸多新技术于一体，是对出入口实现安全防范管理的有效措施。目前，门禁系统早已超越了单纯的门锁及钥匙管理，它已经逐渐发展成为一套完整的出入管理系统，在工作环境安全、人事考勤管理等行政管理工作中发挥着巨大的作用。另外，在此系统的基础上增加相应的辅助设备可以进行电梯控制、车辆进出控制、物业消防监控、保安巡检管理、餐饮收费管理等，真正实现区域内一卡智能管理。

7.2　门禁系统的发展

出入口门禁系统顾名思义就是对出入口通道进行管制的系统，它是在传统的门锁基础上发展而来的。下面简要介绍一下门禁系统的发展。

1. 机械门锁

传统的机械门锁仅仅是单纯的机械装置，无论结构设计多么合理，材料多么坚固，人们总能通过各种手段把它打开，而且，在出入人次很多的场所，钥匙的管理很繁琐。

2. 电子锁

为了解决机械门锁安全性差、难以管理等诸多问题，出现了电子磁卡锁、电子密码锁。这两种锁的出现从一定程度上提高了人们对出入口通道的管理程度，使通道管理进入了电子时代。但随着这两种电子锁的不断应用，它们本身的缺陷逐渐暴露出来。电子磁卡锁的问题是信息容易复制，卡片与读卡机具之间磨损大、故障率高、安全系数低。电子密码锁的问题是密码容易泄露，又无从查起，安全系数很低。这个时期的门禁系统还停留在早期不成熟阶段，应用也不广泛。

3. 生物识别技术

生物识别技术可以通过人的身体特征来进行个体识别。手的大小和形状、指纹、声音和虹膜及视网膜都有其特有的属性。现在全球很多商用楼宇的门禁系统都在使用这种技术。1970 年，现代的生物识别技术就已经在门禁系统应用了。但由于生物识别产品在当时属于高成本投入，因此最早的应用仅限于高保安环境。最近几年，随着微处理器价格的下降和先进的电子影像器件的出现，不仅降低了成本而且提高了生物识别产品的准确率，因此，越来越多的生物识别产品应用到门禁系统中。如指纹门禁系统、虹膜门禁系统、面部识别门禁系统等，它们在安全性、方便性、易管理性等方面都各有特色。

7.3 门禁系统的特点和结构

1. 门禁系统的特点

1）每个用户持有一个独立的卡和密码，这些卡和密码可以随时从系统中取消。卡片一旦丢失即可使其失效，而不必像使用机械门锁那样重新给锁配钥匙，或者更换所有人的钥匙。

2）可以用程序预先设置任何一个人进入的优先权。一部分人可以进入某个部门的一些门，而另一些人只可以进入另一组门。这样不但能够控制谁可以去什么地方，还可以设置一个人在一周里有几天、一天里有多少次可以使用磁卡和密码，从而在部门内控制一个人进入的次数和活动范围。

3）系统所有活动都可以用打印机和计算机记录下来，为管理人员提供系统运转的详细信息，以备事后分析。

4）使用这样的系统，只需要很少的人就可以在控制中心控制整个大楼内外所有的出入口，节省了人员，提高了效率，也提高了保安效果。

2. 门禁系统的结构

目前，先进的门禁系统是通过计算机网络来进行管理的，其结构如图 7-1 所示。

从图 7-1 中可以看出，门禁系统由 3 个层次的设备组成。

第一层是与人直接打交道的设备（读卡机、电子门锁、出入口按钮、报警传感器、门传感器、报警扬声器等），用来接收人输入的信息。

第二层是智能控制器，它将第一层发来的信息同自己存储的信息相比较，作出判断后，再给第一层发出相关信息。

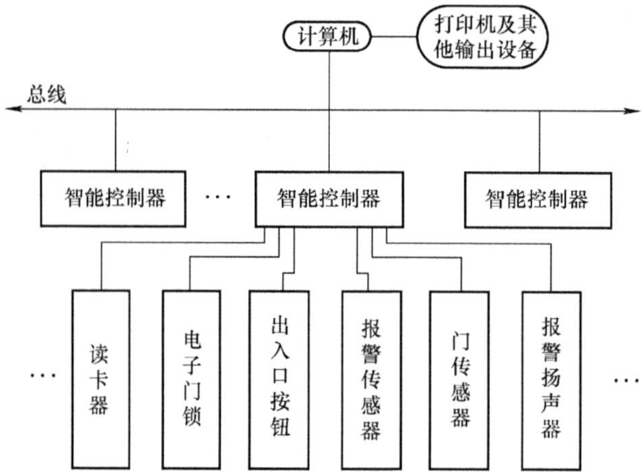

图 7-1 计算机管理的门禁管理系统基本结构

第三层是一个局域网，可以管理整个大厦的出入口，它管理着所有的智能控制器，对智能控制器所产生的信息进行分析、处理和管理。

7.4 门禁系统的功能

1. 对通道进出权限的管理

1）进出通道的权限。就是对每个通道设置哪些人可以进出，哪些人不能进出。

2）进出通道的方式。就是对可以进出该通道的人进行进出方式的授权，进出方式通常有密码、读卡、读卡 + 密码 3 种方式。

3）进出通道的时段。就是设置可以进出该通道的人在什么时间范围内可以进出。

2. 实时监控功能

系统管理人员可以通过微型计算机实时查看每个门区人员的进出情况（同时有照片显示）、每个门区的状态（包括门的开关，各种非正常状态报警等）；也可以在紧急状态打开或关闭所有的门区。

3. 出入记录查询功能

系统可储存所有的进出记录、状态记录，可按不同的查询条件查询，配备相应考勤软件可实现考勤、门禁一卡通。

4. 异常报警功能

在异常情况下可以实现微型计算机报警或报警器报警，如非法侵入、门超时未关等。

5. 其他特殊功能

1）反潜回功能。就是持卡人必须依照预先设定好的路线进出，否则下一通道刷卡无效。本功能是防止持卡人尾随别人进入。

2）防尾随功能。就是持卡人必须关上刚进入的门才能打开下一个门。此功能与反潜回的功能一样，只是方式不同。

3）消防报警监控联动功能。在出现火警时门禁系统可以自动打开所有电子锁让里面的人随时逃生。与监控联动通常是指监控系统自动在有人刷卡时（有效/无效）录下当时的情况，同时也将门禁系统出现警报时的情况录下来。

4）网络设置管理监控功能。大多数门禁系统只能用一台微型计算机管理，而技术先进的系统则可以在网络上任何一个授权的位置对整个系统进行设置监控查询管理，也可以通过Internet 进行异地设置管理监控查询。

5）逻辑开门功能。简单地说就是同一个门需要几个人同时刷卡（或其他方式）才能打开电控门锁。

6）电梯控制系统。就是在电梯内部安装读卡器，用户通过读卡对电梯进行控制，无需按任何按钮。

7.5 门禁系统的分类

1. 按识别方式划分

（1）密码识别

通过检验输入密码是否正确来识别进出权限。此方式安全性最低。一个所有人使用同一密码的系统是最方便的，但安全性最低。稍微高级一点的是单一个人号码系统，每个人有自己不同的号码。如果在一个号码存在安全隐患的情况下，可以将其删除。但是很难察觉是偶然的还是有意的输入正确的号码从而得到进入许可的情况。这类产品又分两类：一类是普通型，一类是乱序键盘型（键盘上的数字不固定，不定期自动变化）。

1）普通型键盘的优、缺点如下：

① 优点是操作方便，无须携带卡片；成本低。

② 缺点是同时只能容纳 3 组密码，容易泄露，安全性很差；无进出记录；只能单向控制。

2）乱序键盘的优、缺点如下：

① 优点是操作方便，无须携带卡片，安全系数稍高。

② 缺点是密码容易泄露，安全性还是不够高；无进出记录；只能单向控制；成本高。

（2）卡片识别

通过读卡或读卡加密码方式来识别进出权限，按卡片种类又分为以下两种：

1）磁卡。它是把此行物质贴在塑料卡片上制成的，其优、缺点如下：

① 优点是成本较低；容易改写，用户随时可更改密码，应用方便；一人一卡（+密码），可连接微型计算机，有开门记录。

② 缺点是卡片易磨损，寿命较短；卡片容易复制；不易双向控制；卡片信息容易因外界磁场丢失，使卡片无效。

2）射频卡（金属码卡和感应式卡）的优、缺点如下：

① 优点是卡片使用时无接触，不易磨损；寿命长，理论数据至少十年；安全性高，可连接微型计算机，有开门记录；可以实现双向控制；卡片较难被复制。

② 缺点是成本较高。

（3）人像识别

通过检验人员生物特征等方式来识别进出，有指纹型、虹膜型、面部识别型，其优、缺点如下：

① 优点是从识别角度来说安全性极好；无须携带卡片。

② 缺点是成本很高；识别率不高；对环境要求高；对使用者要求高（比如指纹不能划伤，眼不能红肿出血，脸上不能有伤等；使用不方便（比如虹膜型和面部识别型安装高度位置一定，但使用者的身高却各不相同）。

2. 按设计原理划分

（1）一体控制器（自带读卡器）

这种设计的缺陷是控制器需安装在门外，因此部分控制线必须露在门外，熟悉系统的人无须卡片或密码可以轻松开门。

（2）分体控制器（控制器、读卡器分立）

这类系统控制器安装在室内，只有读卡器输入线露在室外，其他所有控制线均在室内，而读卡器传递的是数字信号，因此，若无有效卡片或密码任何人都无法进门。这类系统是用户的首选。

3. 按与微型计算机通信方式划分

（1）单机控制型

这类产品是最常见的，适用于小系统或安装位置集中的单位，通常采用 RS-485 通信方式。它的优点是投资小，通信线路专用；缺点是一旦安装好就不能方便地更换管理中心的位置，不易实现网络控制和异地控制。

（2）联网控制型

这类产品的技术含量高，目前还不多见，只有少数几个公司的产品成型。它的通信方式采用的是网络常用的 TCP/IP。这类系统的优点是控制器与管理中心是通过局域网传递数据的，管理中心位置可以随时变更，不需重新布线，很容易实现网络控制或异地控制，适用于大系统或安装位置分散的单位使用；这类系统的缺点是系统通信部分的稳定需要依赖于局域网的稳定。

7.6 门禁系统的组成

（1）门禁控制器

门禁系统的核心部分，相当于计算机的 CPU，它负责整个系统输入、输出信息的处理、储存和控制等。

（2）读卡器（识别仪）

读卡器是指读取卡片中数据（生物特征信息）的设备。

（3）锁具

锁具是门禁系统中锁门的执行部件。用户应根据门的材料、出门要求等需求选取不同的锁具。主要有以下几种类型：

1）电磁锁。电磁锁断电后是开门的，符合消防要求，并配备多种安装架以供顾客使用。这种锁具适于单向的木门、玻璃门、防火门、对开的电动门。

2）阳极锁。阳极锁是断电开门型，符合消防要求。它安装在门框的上部，与电磁锁不同的是阳极锁适用于双向的木门、玻璃门、防火门，而且它本身带有门磁检测器，可随时检测门的安全状态。

3）阴极锁。一般的阴极锁为通电开门型，适用于单向木门。安装阴极锁一定要配备UPS，因为停电时阴极锁是锁门的。

（4）卡片

卡片是开门的钥匙。可以在卡片上打印持卡人的个人照片，开门卡、胸卡合二为一。

（5）软件

实时对进出人员进行监控，对各门区进行编辑，对系统进行编程，对各突发事件进行查询及人员进出资料实时查询。

（6）其他设备

1）出门按钮。打开门的设备，适用于对出门无限制的情况。

2）门磁。用于检测门的安全/开关状态等。

3）电源。整个系统的供电设备，分为普通和后备式（带蓄电池的）两种。

4）遥控开关。作为紧急情况下进出门使用。

5）玻璃破碎报警器。作为意外情况下开门使用。

单元小结

门禁系统是安全防范系统的重要组成部分，它集微型计算机自动识别技术和现代安全管理措施于一体，涉及电子、机械、光学、计算机技术、通信技术、生物技术等诸多新技术，是解决重要部门出入口实现安全防范管理的有效措施。门禁系统可实现对通道进出权限的管理、对出入口状态的实时监控、出入记录查询、异常报警及其他一些特殊功能，还可以与考勤系统相结合，实现对进出人员的考勤。门禁系统自下而上由3个层次的设备构成。读卡器、电子门锁、出入口按钮等属于第一层设备；门禁控制器属于第二层次设备，负责接收第一层发来的信息，比较后作出判断，再将报警或开门信息输出给第一层设备；负责管理多个控制器的主机是第三层设备，对整个门禁系统所产生的信息进行分析、处理和管理。门禁系统按照识别方式分为密码识别、卡片识别和生物识别；按照设备设计原理分为一体控制器（自带读卡器）、分体控制器（控制器、读卡器分立）；按照与微型计算机的通信方式分为单机控制和网络控制。

习 题

1. 简述门禁系统的基本组成。
2. 简述磁卡和感应卡的优缺点。

单元8　门禁系统的设计和安装

学习目标：

1. 掌握门禁系统系统的设计原则和方法。
2. 掌握门禁系统设备的安装规范。
3. 能够安装、调试基本的门禁系统。

重点难点：

1. 门禁系统的设计原则和方法。
2. 能够设计、安装和调试基本的门禁系统。

8.1　简单门禁系统的设计

1. 规划系统的控制程度

设计门禁系统需要根据不同的需要，来规划门禁系统的控制程度，详见表8-1。

表8-1　门禁系统控制程度的设计

功　能	如何工作	适　用　于
访问通过级别	每个人只能通过指定的门	在一个组织中某些区域较其他区域需要有更高的安全性（例如由于防盗或机密性等原因），大多数组织都有此需要
时间区	每个人只能在指定的时间通过指定的门	指定的人员可以在一天中的指定时间或者一个星期中的指定天通过。例如一个公司的工作时间是早9点到晚5点，那么此公司允许进入的时间可以是从早8点到晚6点
卡+个人号码（PIN）	刷卡后还需要输入一个个人密码才可以通过门	丢失或被盗的卡可能被其他人使用，控制区域内人数越少风险越大。在这种情况下，此功能可以自动预定
防止连续刷卡	当一个卡被应用得到进入允许后，不能在指定的时间内再次应用（时间控制防止连续刷卡），直到刷卡离开进入的区域	一个人通过门以后，把卡传给区域外部的另外一个人，使其能刷卡进入。如果安装的是旋转栅门这种“借道”可能更大，毕竟普通的门是允许“借道”的
人为陷阱（相关区域开放时禁止）	一个门在另一个门开放的情况下不能打开	需要有一个“真空”状态（例如无尘区域），或者利用两扇门同时关闭保证之间只有一个人来防止“借道”现象

（续）

功能	如何工作	适用于
警报	任何“突发”事件或“异常行为”可以引起管理人员的注意，使其可以确定发生了什么事件并作出相应的响应	各种设施能够受益于此。例如，如果一个门打开的时间过长，或非法人员试图进入，这些风险可以（应该）被排除。有很多种需要及时发现并处理的事情，此处不一一列出
点监测	在门禁系统中，“空置的”输入端可以用来监视窗户、火灾通道等	如果有危险存在，打开窗户和火灾通道，人员便可以回避门禁系统从而得到通过的许可

2. 设计系统类型

（1）智能读卡器系统

简单来说，智能读卡器就是将读卡器与控制器组合在一起的一体机。这种一体机可以快速安装并对单门进行门禁控制。如果有很多门，可以安装多个这种读卡器，但是每一次要添加或删除用户的时候，需要对每一个位置进行操作。

智能读卡器有一个安全隐患，如果控制电子装置在门的安全性较低的一侧，可能有被破坏的可能。如果这种风险大的话，需要安装外壳来保护读卡器。

（2）分离控制器系统

当保护一个单门时，在门安全的一侧安装一个控制器是在高风险状态下更安全的方式。即使读卡器被破坏，门也不会被打开。

在多门状态下，控制器分别控制不同的门。这样可以节省开支，因为只有一个控制器，而且也更加方便，可以进行一次编程便能够控制多个门。但是门与门之间布线的费用会增加。

（3）联网控制系统

智能读卡器以及分离控制器是“离线”系统类型，因为它们不需要计算机或软件来对它们进行管理和监控。联网控制系统可以依靠门禁管理软件对多个门、多个控制器进行统一的管理和控制，并且人机交互界面可以直观、清晰地了解系统控制状态，并且联网控制系统易于与其他系统进行整合，如考勤系统等。

表8-2对不同类型系统的优、缺点进行了比较。

表8-2 不同类型系统的优、缺点比较

系统的类型	优点	缺点
智能读卡器	便宜，容易安装	系统位于门安全性较低的一侧，可能会受到破坏，导致非法进入
单门控制器	比智能读卡器在薄弱位置上更安全	如果要控制多个门，必须在每个门上逐一进行设定
多门控制器	单点设定，提高控制器控制门数（一般2~16门）	功能复杂，难于设置
联网控制系统	不论有多少个门，都可以进行集中的设置和监测。用户界面直观且灵活	少数联机控制系统使用计算机直接进行管理，这可能意味着一台计算机发生故障会导致整个系统失灵

3. 选择系统软、硬件设备

(1) 门禁卡的选择

门禁系统有可能需要刷卡，也可能只需要给读卡器出示一下，使其识别，有些也可以在1m以外的距离感应。门禁卡的外形也有多种，有的类似于信用卡大小，有的更像是钥匙环上的饰物。选择门禁卡首先考虑系统功能的需要，如门禁卡是否需要用在别的系统（如考勤系统等情况），如果没有特殊的要求，那么选择门禁卡主要基于以下几点：读卡器的费用、卡的技术类型、安全性以及个人爱好。表8-3比较了各种不同类型的门禁卡。

表8-3 不同类型门禁卡的比较

技术类行	读卡器费用	卡费用	安全性	优、缺点
Mag-stripe（磁卡）	低	低	低	读卡错误是很常见的，读卡器通常不防水。卡号码很容易被涂抹掉
Wiegand（韦根卡）	中	中	中	老的技术类型，通常是为专门设计应用
红外卡（微型卡）	中	中	中	读卡器小，读卡错误很少见，比磁卡更安全更耐用
Proximity（感应卡）	高	中、高	高	容易使用，随着价钱的降低，迅速流行起来。多数的卡是不需要电池的，因此没有使用寿命限制
智能卡（如Mifare）	高	高	高	可以应用于多系统且一卡一人的场所中

(2) 读卡器的选择

读卡器是通过读卡并发送出其唯一识别信息给控制器来识别持卡人的装置。如果读卡器被破坏，可能造成非法进入，但通常是导致合法人员不能进入。有些读卡器较其他读卡器具有防破坏功能，所以选择读卡器要对防范区域进行风险评估。高风险的区域如银行、博物馆等需要安全性更高、并且具有防破坏功能的读卡器。

(3) 锁的选择

锁的选择首先取决于门的类型，如单扇门、双扇门、单向门、双扇门、玻璃门、木门、旋转门等；其次取决于防破坏的要求。如果不确定安装什么类型的锁，应该尽量收集关于门的信息，并请教锁具供应商。关于锁的类型和使用范围详见7.6节中的内容。

(4) 门传感器的选择

门传感器是一个可选的部件，有以下两个功能：

1）提供额外的安全保障。如果锁释放的时间设置为10s，一个人可以很容易的在2、3s内通过一个门，那么剩下7、8s“未终止”的时间，在此时间内（如果没安装门传感器），此门将会保持开启状态。如果安装有门传感器，一旦门开启，锁释放被断开，门关闭的时候自动上锁。

2）监控进出情况。安装门传感器，所有门开关的事件将会被记录下来（需要有打印机和控制主机与之相连）。而且还可以在门不该开启时开启（即门禁系统还没有释放锁）或门开启时间过长的情况下激活继电器，产生警报声音。

(5) 出门按钮的选择

在不使用卡或个人密码的情况下，允许人员从高安全性区域通向低安全性区域。按此按钮可以使锁被释放，允许人员离开建筑物或房间，也可以用作“接待”按钮，内部人员按下此按钮可以使其他外部人员进入建筑物。

（6）门禁管理软件的选择

门禁管理软件为系统提供编辑卡、设定规则的方法。通常这一信息发送给控制器，由控制器作出相应的决定。这些规则储存在计算机的数据库中，从而可以了解所编的程序，也可以在控制器出现故障需要更换的情况下重新装载必要的信息。门禁管理软件通常也可以监控系统、记录事件（例如什么人什么时间通过哪个门）、并在磁盘中保存信息以便打印报告。一般情况下不能把从一个厂商购买的门禁管理软件应用于从另一个厂商购买的控制器、读卡器上。因此，门禁管理软件需要和门禁系统的硬件设备相配套，一般由提供门禁系统硬件或安装的厂家提供。

8.2 门禁系统的安装实例

以某学校实验室安装的西科姆门禁系统为例。

1. 工作原理

该实验室门禁系统采用感应式技术（或称作射频识别技术），是一种在卡片与读卡装置之间无需直接接触的情况下即读取卡上信息的方法。

使用感应式读卡器，不会因为接触摩擦而引起卡片和读卡设备的磨损，也无需将卡塞入孔内或在磁槽内刷卡。卡片只需在读卡器的读卡范围内晃动即可。在感应式技术应用中，读卡器不断通过其内部的线圈发出一个电磁场（激发信号）。当一个感应卡放在读卡器的读卡范围内时，卡内的线圈在激发信号的感应下产生微弱的电流，作为卡内一个小集成电路的电源，使卡内的数据传输回读卡器。读卡器将收到的无线信号传给控制器，由控制器处理、检错和转换成数字信号，控制器把这个数字辨识号码送给控制器上的微处理器，由微处理器作出开门与否的决定。

2. 系统组成

在实验室内设置门禁系统1套，其中包括读卡器（控制器）、电插锁、开门开关、火警开关等设备。

读卡器（控制器）HID-4045A（见图8-1）的技术指标如下：

图8-1 HID-4045A读卡器（控制器）与门禁卡

工作电压：DC 12V。

特性：系统1000张卡控制权限；系统可设置单独密码开门、密码+感应开门、单独感应开门；读卡器（控制器）感应头和键盘部分可分离；读卡器（控制器）带Wiegand输出；读卡器（控制器）可接手持式红外打印机；读卡器（控制器）可直接控制电锁。

学生实训16 门禁系统的认知和安装

1. 实训内容

1）了解各种门禁系统。

2）参观实训室门禁系统。

3）练习门禁系统的安装。

2. 实训设备

1）演示用门禁系统。

2）工具。

3. 实训要求

学生通过参观实训室门禁系统，了解门禁系统的基本组成。由教师演示门禁系统的安装，可找部分学生参与安装过程。

单元小结

本单元主要介绍了门禁系统的设计步骤和安装实例。门禁系统的设计步骤主要包括：规划系统的控制程度，设计系统的控制类型，选择系统的软、硬件设备等，并通过一个门禁系统的安装实例，归纳了门禁系统中的常用设备，包括读卡器、控制器、锁具、出门开关、火警开关、电源等设备。

习题

1. 总结门禁系统的设计步骤。
2. 参观或安装一个实际的门禁系统，总结安装过程中的注意事项。

模块 3　防盗报警系统

防盗报警系统是安全防范系统的一大组成部分，对财产和人身安全的保卫起着至关重要的作用。防盗报警系统通常都与闭路电视监控系统、门禁系统配合使用，从而起到相得益彰的效果，所以在学习了以上两个系统的基础上还要学习防盗报警系统。

单元 9　认识防盗报警系统

学习目标：

1. 了解防盗报警系统的应用、现状和发展。
2. 掌握防盗报警系统的组成和设备功能。

重点难点：

防盗报警系统的组成和设备功能。

9.1　防盗报警系统的组成

最基本的防盗报警系统由设置在现场防范区内的入侵探测器与报警控制器组成。典型的系统组成如图 9-1 所示。

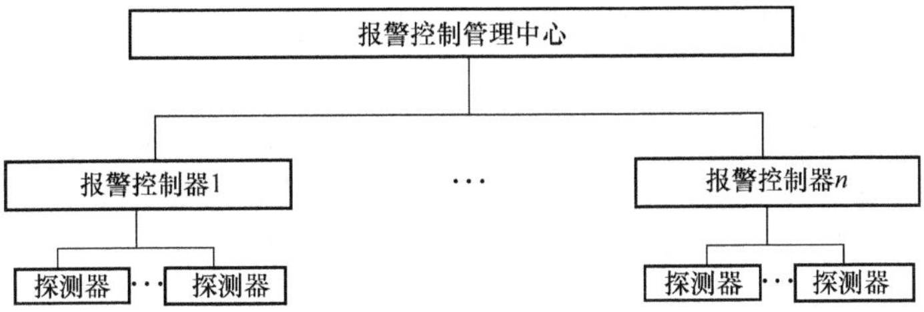

图 9-1　防盗报警系统组成框图

9.2 防盗报警系统的设备

9.2.1 报警控制器

1. 作用

报警控制器是防盗报警系统的“大脑”部分，负责处理探测器传来的探测信号，并且通过键盘等设备提供布撤防操作来控制报警系统。在报警时可以提供声/光提示，同时还可以通过电话线将警情传送到报警中心。防盗报警主机如图9-2所示。

2. 防盗报警主机的分类

（1）按照报警信息的告知方式划分

1）电话拨号防盗报警主机。利用防盗报警主机，通过无线或者有线连接各类探测器，实现防盗报警功能。防盗报警主机连接固定电话线，如有警情，按照客户设定的手机或者电话号码拨号报警。

2）GSM防盗报警主机。利用防盗报警主机，通过无线或者有线连接各类探测器，实现防盗报警功能。防盗报警主机内置GSM手机卡，如有警情，按照客户设定的手机或者电话号码拨号报警。

3）本地防盗报警主机。防盗报警主机通过无线或有线方式连接各类探测器，利用警号实现报警。

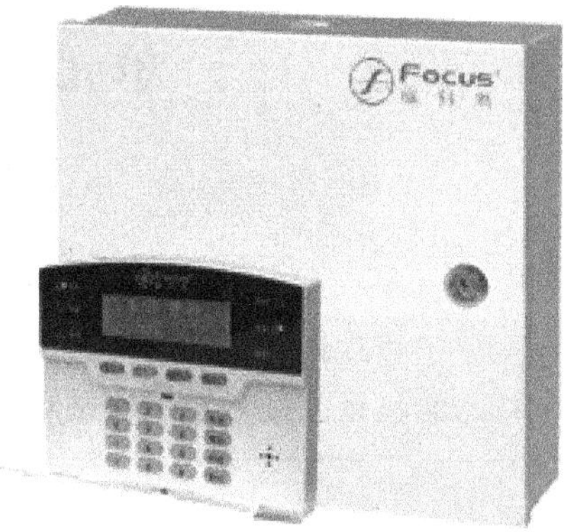

图9-2 防盗报警控制器

4）彩信防盗报警主机。防盗报警主机通过GPRS将报警图片传输到接警中央或者相关人员手机上或邮箱里。

（2）按照探测器与防盗报警主机之间的通信方式划分

1）总线制防盗报警主机。总线制防盗报警主机是相对于分线制防盗报警主机的一种改进版的产品，它是把前端探测设备开关信号接在地址模块（或叫报警模块、防区扩展模块）上，当某个防区的探测设备发现有人非法进入时，探测器发出报警信号，由地址模块（或叫报警模块、防区扩展模块）通过数据总线传送给报警主机，实时地将本防范区域的报警信号、警情类型显示到报警主机键盘上，并触发声光报警，使操作人员能及时、准确地把握警情，及时调动保安人员进行处理。

2）分线制防盗报警主机。分线制防盗报警主机是前端探测设备开关信号直接接在主机防区上从而触发防盗报警主机报警，而这些开关信号必须通过两条线缆连接防盗报警主机的防区端口，每一个信号都需要两条独立的线缆连接，也就是说，有多少个探测器（防区）就需要多少对线缆。

3）无线防盗报警主机。主机与探测器之间采用信号发射接收的方式进行数据传输的主机。

4）汽车防盗报警主机，主要用于汽车防盗报警。

3. 基本功能

防盗报警主机的主要功能包括分区和防区、布撤防和报警、事件记录和查询、通信和联网、故障检测和显示、密码和复位、扩展和兼容性等多个方面。

(1) 分区和防区

一般中等以上规模的防盗报警主机应设立分区功能，可使管理更方便。大型主机甚至可设多个分区，而分区所包括的防区数可由程序设计确定。

防区是指探测器所监控的范围。有各种不同种类的防区，如出入口延迟防区、周界防区、内部防区、应急防区、医疗救助防区、火灾防区等。此外，防区具备不同的属性，如有声/无声、持续声/断续声、容许旁路/不能旁路、无线/有线、传输延时/不延时等。

防区的数量、类型和属性以满足需要为宜，不一定越多越好。

为了便于记忆和使用，一些大型防盗报警主机可以将分区、防区、甚至出入口以自定义的代号或别名作为标志，如一个公司的几个部门分别占用不同的分区，每个分区就可用不同的部门名称表示，分区中每个防区就可用每个房间的门牌号来表示。

(2) 布撤防和报警

布防（又称设防）是指操作人员执行了指令后，例如从键盘输入“[密码][#]”这一码后，使该系统的探测器开始工作（俗称为开机），进入正常警戒状态。处于布防状态下，防区回路被实时监测，一旦回路阻值超出了报警控制器规定的范围，报警控制器将按照设定好的防区类型进行报警。

撤防与布防相反，是指探测器从警戒模式退出，此时，防区回路不再被监视。

布撤防的种类，包括留守布撤防、外出布撤防、自动布撤防、强制布撤防、单防区布撤防、工程布撤防（测试用）、设置防区旁路及解除等，其类型越全，用户越方便。

(3) 事件记录和查询

防盗报警主机在运行过程中发生的警情以及改变设定的各种操作，都应作为事件得到存储，在需要的时候，可方便地进行查看。这种事件记录不容许任意删改，而且即使防盗报警主机断电较长一段时间，其记录仍可完整地保存下来。这种记录对于发生重要变故后的责任查询、总结经验教训，具有相当重要的意义。

(4) 通信和联网

防盗报警主机一般以有线电话作为主要通信手段，可以与两个或两个以上的中心联网，还可以直接向用户电话报告警情。有的防盗报警主机还增加了网络或移动通信，作为备用和辅助，进一步提高了通信的可靠性。

(5) 故障检测和显示

带有自动维护的性质，通常有交直流电源监测、防拆、警号回路、防区回路故障、电话线故障、通信失败等内容。此项功能越全，防盗报警主机自我防护的性能越好，工作的可靠性越高。出现故障后的显示方法，对于LED，要求声光显示的含义明确，便于理解和记忆。

(6) 密码和复位

常用的密码种类有工程密码、管理员密码、用户密码、挟持密码，有的还可设一次性密码、单布防密码（布防有效、撤防无效）和遥控程序设计密码。

防盗报警主机应有复位的功能，在丢失密码或其他特殊情况下，通过复位恢复出厂设置或重新程序设计。对于大型主机，由于程序设计内容较多，其复位往往分为几个层次，可以专门针对某个方面进行部分复位，以减少程序再次设计的工作量。

(7) 扩展和兼容性

防盗报警主机功能的扩展一般通过连接模块的方式完成，如防区的增加、有无线防区的兼容、可程序设计输出的增加、与门禁控制器的连接等。

9.2.2 探测器

探测器是由传感器和信号处理器组成的、用来探测入侵者入侵行为的电子和机械装置。图 9-3 所示为各种类型的防盗报警探测器。

图 9-3 各种类型的防盗报警探测器

探测器需要防范的区域可以是某些特定点部位，如门、窗、柜台、展览厅的展柜；或是一条线，如边防线、警戒线、边界线；有时要求防范的范围是个面，如仓库、资料库、武器室、珍贵物品的展厅等。因此入侵报警系统在设计时就应根据被防范场所的不同物理特征、外部环境及警戒要求选用合适的探测器以达到安全防范的目的。

日前国际上应用的周界探测器及系统主要有以下几种：

1. 微波墙式探测器

微波墙式探测器由微波发射单元和微波接收单元两部分组成，主要用于周界防范。安装时，发射机和接收机分开相对而立，其间形成一个稳定的微波场，用来警戒所要防范的周界地带，微波墙式探测器利用场干扰原理或波束阻断式原理来探测入侵者，当发射机和接收机之间无阻挡物时，接收机可收到微波发射机发送的稳定的微波信号；一旦有人闯入这个微波建立起来的警戒区，微波场受到干扰，微波接收机就会探测到一种异常信息，当这个异常信息超过事先设定值时，便会报警。这种探测器的波束相对红外线更宽，呈扁平状，像一面墙壁的形状，所以防范的面积更大。安装后构成的原理框图如图 9-4 所示。

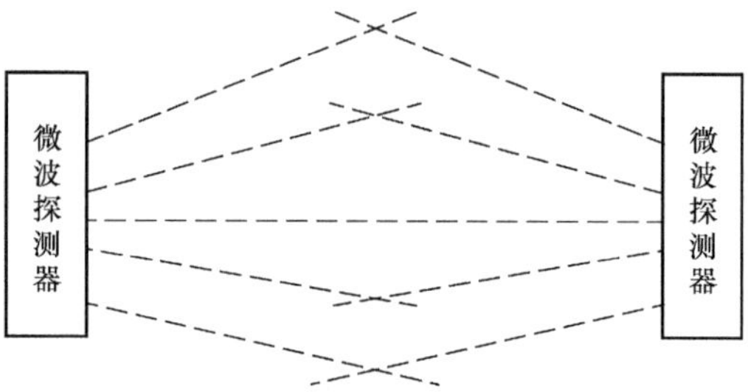

图 9-4 微波墙式探测器

2. 主动红外探测器

主动红外探测器自身发射红外线束，由红外发射机和接收机两部分组成（见图 9-5），安装在要保护的周界两端，开机以后，红外发射机发出红外线束，与它相对的红外接收机收到红外光束后即处于警戒状态，当有人从这中间经过，阻断了红外光束，即发出报警信号。主动红外探测器的发射光源通常为红外发光二极管，其特点是体积小、重量轻、寿命长、功耗小、便于隐藏。采用双光路甚至四光路的主动红外探测器可大大提高其抗噪防误报的能力以及加大防范的垂直面，另外主动红外报警器寿命长、价格低、易于调整，因此被广泛使用在安全防范工程中。

图9-5 三光束式主动红外探测器

3. 被动红外探测器

被动红外探测器是靠探测人体发射的红外线来进行工作的，如图9-6所示。探测器收集外界的红外辐射进而聚集到红外传感器上。红外传感器包含两个互相串联或并联的热释电元，而且制成的两个电极化方向正好相反。这种元件在接收了红外辐射温度发出变化时就会向外释放电荷，检测处理后产生报警。环境背景辐射对两个热释电元几乎具有相同的作用，使其产生的热释电效应相互抵消，于是探测器无信号输出；一旦有人入侵进入探测区域内，人体红外辐射通过聚焦，从而被热释电元接收，两片热释电元接收到的热量不同，热释电也不同，不能抵消，经信号处理而报警。原理如图9-7所示。

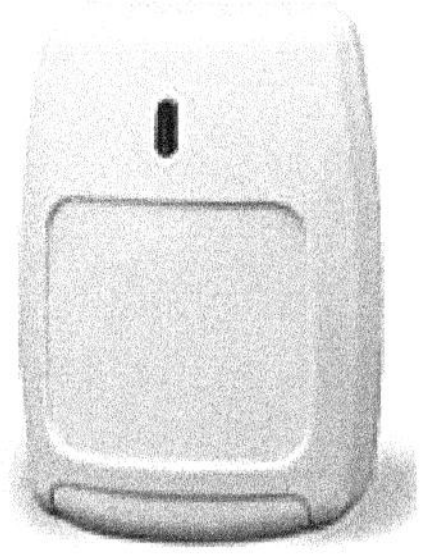

图9-6 被动红外探测器

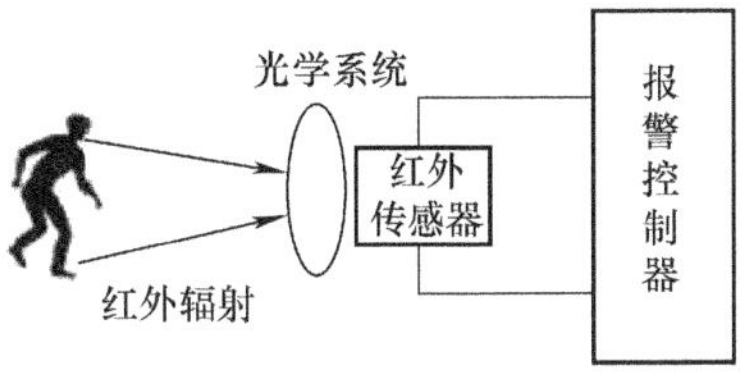

图9-7 被动红外探测器原理

被动红外探测器的优点在于本身不发生任何类型辐射，器件功耗很小，隐蔽性较好并且价格低廉。但被动红外探测器容易受各种热源、阳光源干扰，当环境温度和人体温度接近时，探测和灵敏度明显下降，有时容易造成短时失灵。所以，早期的被动红外探测器主要用在环境简单、变化较小的室内，但新一代的被动红外探测器在技术上已经日趋成熟，抗干扰性也大大加强，所以也可以用于室外，性价比较高，故在安全防范系统中被广泛采用。

4. 泄露电缆式周界探测报警系统

泄露电缆是一种具有特殊结构的同轴电缆，与普通的同轴电缆不同的是，泄露电缆在其外屏蔽网沿长度方向周期性地开有一定形状的槽孔，所以又称为开槽电缆，如图9-8所示。

利用泄露同轴电缆作为传感器组成的周界探测报警系统由两根平行埋在周界地下的泄露电缆和感应探测器组成。一根泄露电缆与探测器中的发射部分相连，向外发射能量。另一根泄露电缆与探测器中的接收部分相连，用来接收能量，如图9-9所示。发射部分发射的高频电磁能经发射电缆向外发射，一部分能量耦合到接收电缆，收发电缆之间的空间形成一个椭圆形的电磁场的探测区。两根电缆之间的电磁耦合对扰动非常敏感。当有人进入此探测区时，会干扰这个耦合场，使接收电缆收到的电磁波能量发生变化。电路根据此变化量、变化率和持续时间等，产生相应的电信号触发报警，可以有效地防止非法人员翻越、跨越或穿过，如图9-10所示。

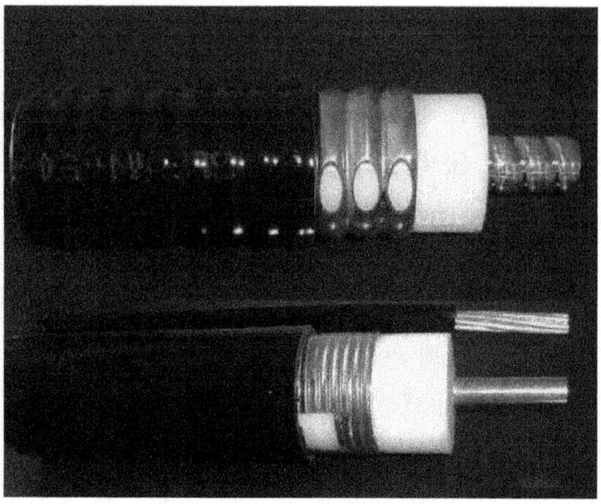

图 9-8　泄露电缆示意图

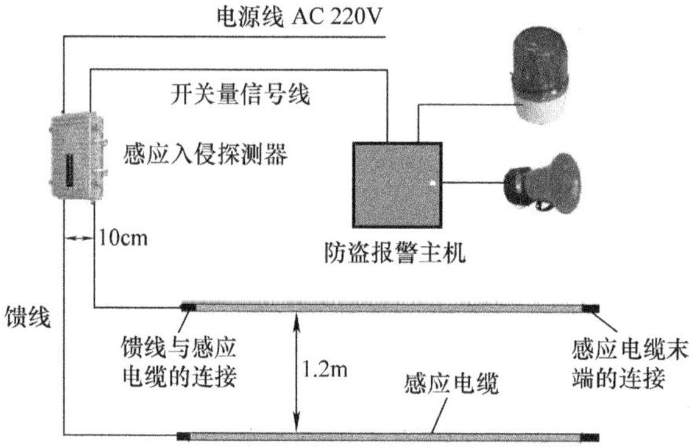

图 9-9　泄露电缆探测系统原理图

图 9-10　泄露电缆防范原理

泄露电缆探测系统是一种隐蔽式的周界入侵探测传感系统。泄露电缆一般埋入地下或装入墙内，因此不影响现场的外观而且又属于无形探测场，入侵者无法察觉探测系统的存在，所以就无法人为避开或破坏系统。电缆可环绕任意形状的警戒区域周界，也不受地形、地面不平坦等因素的限制。其探测灵敏度不受环境温度、湿度、风雨烟尘等气候环境的影响。可全天候可靠地工作，可为核电站、炼油厂、油库、卫星发射场、军事基地、机场、监狱等许多领域提供安全保障。

5. 玻璃破碎探测器

利用压电陶瓷片的压电效应（压电陶瓷片在外力作用下产生扭曲、变形时将会在其表面产生电荷），可以制成玻璃破碎探测器。玻璃破碎探测器能对高频的玻璃破碎声音（10～15kHz）进行有效检测，而对10kHz以下的声音信号（如说话、走路声）有较强的抑制作用。玻璃破碎声发射频率的高低、强度的大小同玻璃厚度、面积有关。图9-11所示为各类玻璃破碎探测器。

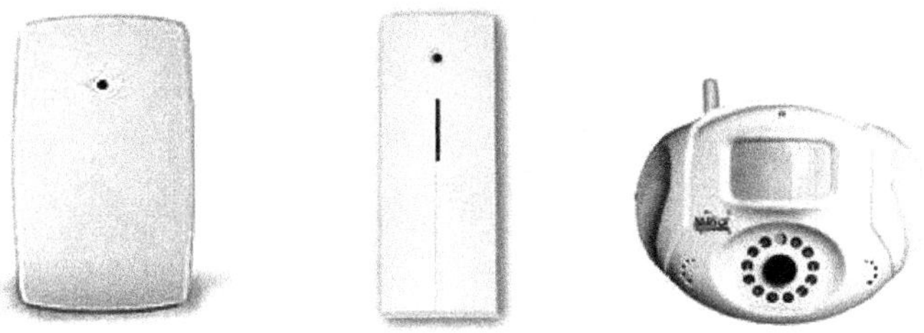

a)　　b)　　c)

图9-11　各类玻璃破碎探测器

a）有线玻璃破碎探测器　b）无线玻璃破碎探测器　c）双技术玻璃破碎探测器

玻璃破碎探测器按照工作原理的不同大致分为两大类：一类是声控型的单技术玻璃破碎探测器，它实际上是一种具有选频作用（带宽10～15kHz）的具有特殊用途（可将玻璃破碎时产生的高频信号驱除）的声控报警探测器；另一类是双技术玻璃破碎探测器，其中包括声控—震动型和次声波—玻璃破碎高频声响型。

声控—震动型探测器是将声控与震动探测两种技术组合在一起，只有同时探测到玻璃破碎时发出的高频声音信号和敲击玻璃引起的震动，才输出报警信号。

次声波—玻璃破碎高频声响型探测器是将次声波探测技术和玻璃破碎高频声响探测技术组合到一起，只有同时探测敲击玻璃和玻璃破碎时发出的高频声响信号和引起的次声波信号才触发报警。

玻璃破碎探测器要尽量靠近所要保护的玻璃，尽量远离噪声干扰源，如尖锐的金属撞击声、铃声、汽笛的啸叫声等，减少误报警。

6. 光纤传感器周界报警系统

光纤传感器周界报警系统的基本组成有红外发射器、光导纤维、红外接收器。经红外发射器内的发光二极管发射脉冲调制的红外光，此红外光沿光纤向前传播，最后到达红外接收器，并把经光电检测后的信号送往报警控制器，从而构成一个闭合的光环系统。

根据防范的不同场合和要求，光纤可以构成各种形状，一个需要防范的周界处的适当位置，当入侵者侵入时，会破坏光纤，使其断裂，这时就会因光信号的中断而触发报警。

由于光纤极细，细如发丝，所以可以很方便地进行隐蔽安装，如可将光纤隐蔽在周界防御的铁丝网中，当有入侵者切断钢丝或因攀登、翻越铁网造成光纤断裂时，通过报警控制器即可发出报警。也可以把透明的光纤埋在用纸、塑料品、纺织纤维等物制成的壁纸里，或放在墙皮里，如可以把墙上刻一些凹槽，把光纤旋转其内，外表再用灰浆抹平。同样也可以把光纤藏在房间的门板里。当入侵凿墙打洞或撕裂壁纸时，均会破坏光纤而发出报警信号。

9.3 防盗报警系统的应用

图9-12所示为报警系统在一栋建筑物中的应用。应用报警系统与闭路电视监控、门禁系统相结合可有效地保证防范区域的人身和财产安全，对防范非法入侵起到重要作用。

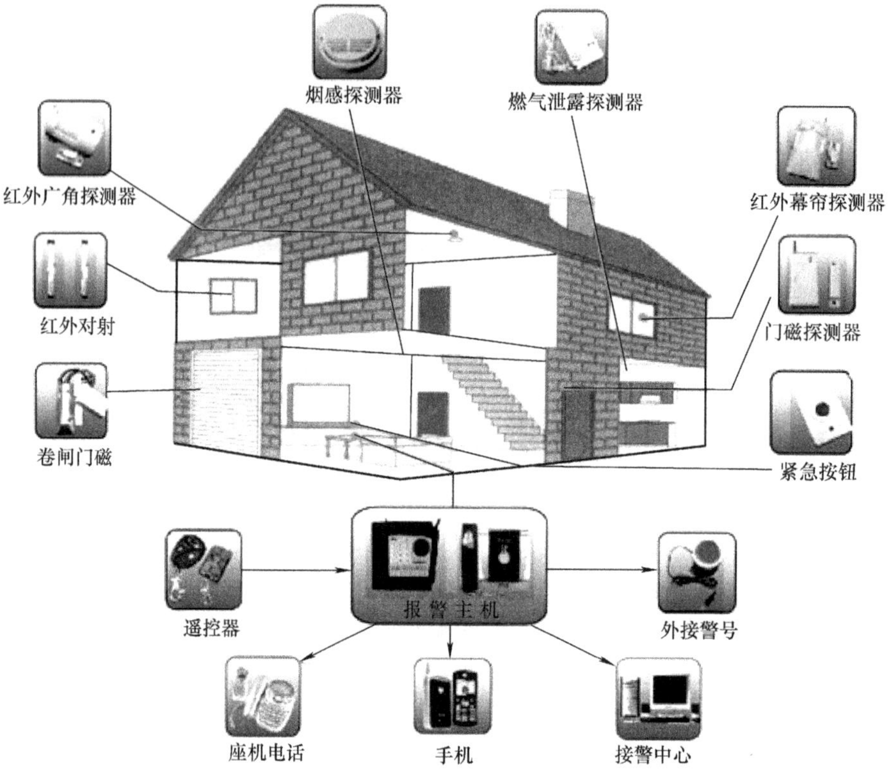

图9-12 报警系统在一栋建筑物中的应用

单元小结

防盗报警系统是安全防范系统的一大组成部分，对财产和人身安全的保卫起着至关重要的作用。最基本的防盗报警系统由设置在现场防范区内的入侵探测器与报警控制器组成。防盗报警主机是报警系统的“大脑”部分，负责处理探测器传来的探测信号，并且通过键盘等设备提供布撤防操作来控制报警系统。在报警时可以提供声/光提示，同时还可以通过电话线将警情传送到报警中心。按照报警信息的告知方式来分有电话拨号防盗报警主机、GSM防盗报警主机、本地防盗报警主机、彩信防盗报警主机；按照探测器与防盗报警主机之间的通信方式来分有总线制防盗报警主机、分线制防盗报警主机、无线防盗报警主机和汽车防盗报警主机（用于汽车防盗报警）。防盗报警主机的主要功能包括分区和防区、布撤防和报警、事件记录和查询、通信和联网、故障检测和显示、密码和复位、扩展和兼容性等多个方面。报警探测器是由传感器和信号处理器组成的、用来探测入侵者入侵行为的电子和机械装置。报警探测器需要防范的区域可以是某些特定点部位，如门、窗、柜台、展览厅的展柜；或是一条线，如边防线、警戒线、边界线；有时要求防范的范围是个面，如仓库、资料库、武器室、珍贵物品的展厅等。目前国际上应用的周界探测器及系统主要有以下几种：微波墙式探测器、主动红外探测器、被动红外探测器、泄露电缆式周界探测报警系统、玻璃破碎探测器、光纤传感器周界报警系统。应用报警系统与闭路电视监控、门禁系统相结合可有效地保证防范区域的人身和财产安全，对防范非法入侵起到重要作用。

习 题

1. 简述报警系统的组成和设备，说明设备的作用。
2. 常用的探测器主要有哪些？每种探测器的特点是什么？

单元 10　合理安装、设置防盗报警系统

学习目标：

1. 掌握防盗报警系统的设计、安装原则和规范。
2. 能够设计、安装和调试基本的防盗报警系统。

重点难点：

能够设计、安装和调试基本的防盗报警系统。

10.1　探测器的选择和安装

10.1.1　探测器的选择

在单元 9 中已就各种类型的探测器进行了详细介绍，在选择、安装探测器时可参考防区类型、需要防范的具体部位以及建设投资等实际要求来选择探测器，见表 10-1。

表 10-1　探测器的选择

防护场所的类型	防范的具体部位	使用探测器的类型
点型	文物、贵重商品等	微动开关、压力垫等
线型	边界线、周界等	微波、红外、泄露电缆等
面型	门窗等开口部位	红外、玻璃破碎等
空间型	房间、通道	微波、红外等

10.1.2　探测器的安装原则

在安装探测器之前应了解探测器的探测原理，从而使安装后的探测器能正常工作，减小或避免产生误报。对于常用类型的探测器在安装时应遵循以下原则：

1）对于红外、微波、激光等探测器，安装方向应与探测目标移动方向垂直。因为探测器对横向（垂直）切割探测方向的移动目标最敏感。

2）注意根据探测器的指标确定安装距离、角度、高度。探测器的安装高度和角度不能随意确定，否则会影响探测器的灵敏度和防范效果。一般当探测器选择墙面或墙角安装时，安装高度应在 2 ~4m 之间，最适宜的安装高度是 2 ~2.5m。

3）不宜正对玻璃门窗和强光源。探测器正对玻璃门窗会有如下几个问题：一是白光干

扰；二是容易受到门窗外复杂的环境干扰，比如人群流动、车辆等；三是强光照射引起的温度变化。感应作用与温度的变化具有密切的关系。如果受到以上几点干扰，探测器灵敏度将会下降，容易出现不工作或误报的现象。

4）探测器不能正对加热器、空调器的出风口等热源。如无法避开，则应保证至少1.5m的间隔距离。

5）不宜正对易摆动的物体。易摆动的物体将会使探测器起作用，因此同样可能造成误报。

6）当防范区域较大时应注意多个探测器的互补工作，避免出现“死区”。

10.2　报警控制器与设备的连接

报警控制器对前端探测器传来的探测信号有三大类处理方式：第一类是常规的报警信号处理，报警主机接到这类信号时，如果报警系统处于布防状态，则将根据所编程的模式类型发出相对应的警情触发，而如果报警系统处于撤防状态，则系统不会对这类信号作出报警触发；第二类是那些经过报警主机编程设置为24h响应或手动紧急报警的模式，当属于这些模式的探测器传递了报警信号，则不管是否处于布防状态均会发出相对应的警情触发；而第三类则是线路损坏、设备拆动、破坏的报警信号处理，这类信号的传递是为了加强报警系统的自我防范，一旦接收到这类报警信号，报警主机不管是否处于布防状态均会发出设备被拆动的警情。

前端探测器是报警系统的传感器，报警系统对外界警情的侦测就是通过前端探测器来完成的。前端探测器和报警主机间的联系、信号传递，说到底就是一个开关量信号的传送和接收过程。所谓开关量信号，就是一个电气回路的开路和短路过程。以常规报警系统（一般采用常闭工作模式）为例，系统加电正常工作时，假如探测器失电或被警情触发，探测器内的继电器发出动作，将触点由闭合状态改变为断开状态，当报警主机侦测到对应防区端口的这一变化时，就会根据当前的状态设置采取相应的反应（包括忽略、报警、信号输出等）。

图10-1所示为一款防盗报警主机的接线端子图。

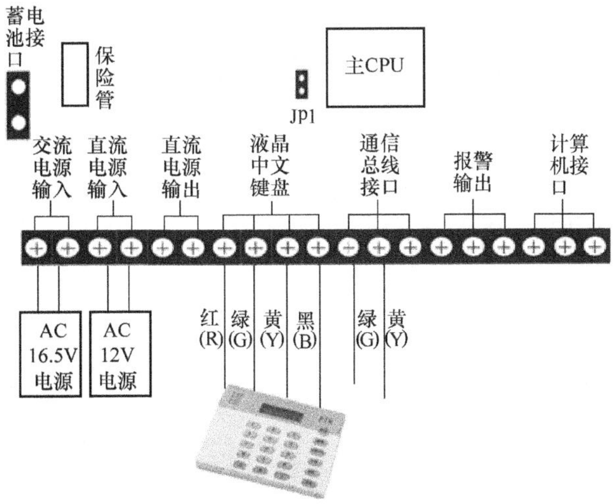

图10-1　防盗报警主机的接线端子图

防盗报警系统的主要设备包括报警主机、前端探测器、键盘输入装置和警讯发送装置（联网报警通信和现场声光报警）。防盗报警主机电路板上提供与其他所有设备的接口端子，见表10-2。

表10-2　防盗报警主机电路板的主要接线端子

序　号	主板接线端子	所连接设备	作　　用
1	交流电源输入	交流电源	给主机供电
2	直流电源输入	蓄电池	给主机供电（交流断电备用）
3	直流电源输出	探测器等需要直流供电的设备	提供直流电源
4	键盘接口	键盘	提供键盘电源和数据接口
5	探测器接口	探测器	与探测器完成信号传输
6	报警输出接口	声光报警设备等	提供声光报警信号
7	计算机接口	通过RS-485连至计算机主机	与计算机完成通信

10.3　报警系统安装实例

本系统中用到的是日本SECOM公司的被动红外探测报警设备，由被动红外探测器、控制器、电源适配器、电池、警号、磁卡钥匙、设备钥匙等组成。

1. 系统设备

1）SECOM CN-T9010控制器如图10-2所示，用于布防、撤防并可设置不同的报警状态。

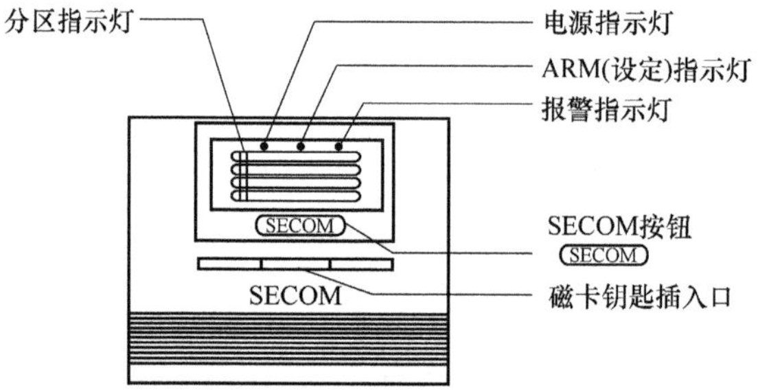

图10-2　SECOM CN-T9010控制器

2）SECOM磁卡钥匙如图10-3所示，用来设置、解除系统设置。

3）被动红外探测器如图10-4所示。

图10-3　SECOM磁卡钥匙

图10-4　被动红外探测器

4）电源适配器和电源。负责向报警主机提供所需的 AC 16V 电源，为红外接收器提供所需的 DC 12V 电源。

本系统的具体工作过程为：当被防范范围内有目标入侵并移动时，将引起该区域内红外辐射的变化，而被动红外探测器能探测出这种红外辐射的变化，并将放大处理后发出报警信号，通过报警主机的设置使警号发出长鸣。

2. 系统调试

系统日常操作包括设定系统（布防）、解除系统（撤防）、系统设定状态下的报警恢复、系统解除状态下的报警恢复。

（1）设定系统（最后离开防范区域的人应该执行的操作）

1）当使用 IC 卡时（见图 10-5）：

① 按控制器上的 SECOM 按钮，并确认控制器上的所有分区指示灯都亮。

② 将 IC 卡插入控制器上的读卡器插入口，然后拔出，蜂鸣器开始鸣叫。

注：在按 SECOM 按钮的 20s 内插拔 IC 卡。

③ 在蜂鸣器鸣叫期间，走出防范区的最终出口，并关闭它。当设定指示灯显示绿色是表示设定完成。

2）当不使用 IC 卡时（见图 10-6）：

① 按控制器上的 SECOM 按钮并确认控制器上的所有分区指示灯都亮。

② 按下 SECOM 按钮且至少持续 3s，蜂鸣器开始鸣叫。

③ 当蜂鸣器在鸣叫期间，走出防范区域的最终出/入口。当设定指示灯显示绿色表示设定完成。

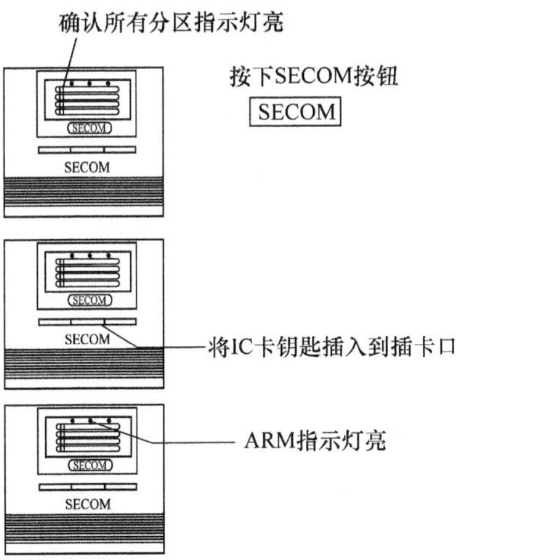

图 10-5 使用 IC 卡的操作

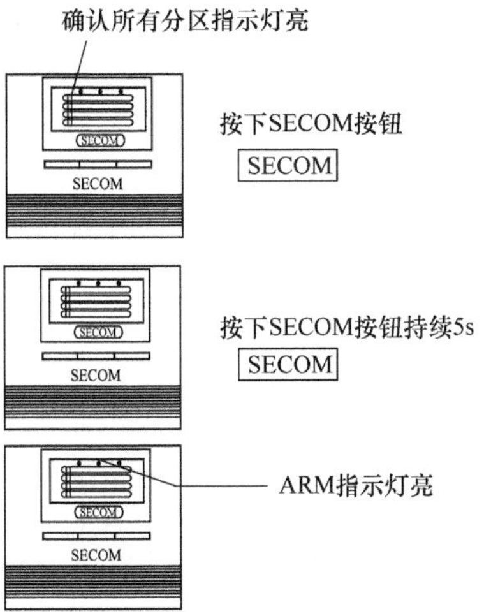

图 10-6 不使用 IC 卡的操作

（2）解除系统（最先进入防范区域的人应该执行的操作）

1）当从防范区域的最终出/入口进入时，蜂鸣器开始鸣叫。

2）在蜂鸣器鸣叫期间，将 IC 卡插入控制器上的读卡器口后拔出，蜂鸣器停止鸣叫且 ARM 指示灯灭，表示报警设定被解除。

（3）系统设定状态的报警恢复（在报警器被触发的状态下恢复报警功能的操作）

1）非设备异常的场合（见图 10-7）：

① 从最终出/入口进入防范区域，将 IC 卡插入控制器的读卡器后拔出。

② 查看控制器上的分区指示灯，以了解发生异常的地点。

③ 在恢复异常（使异常状况恢复正常）之后按控制器上的 SECOM 按钮。确认报警指示灯熄灭，即完成了恢复程序。

注：在第③步的操作后，如果报警指示灯不熄灭（虽然所有的分区指示灯亮着）则表明系统有故障，这时执行下面的操作。

2）设备异常的场合：

① 打开控制器的护盖，检查位于控制器内侧的 7 段数码管（LED）显示的异常监视代码（参见表 10-3）。

② 恢复设备（使异常状况恢复正常）之后，按控制器上的 SECOM 按钮，确认报警指示灯已熄灭，这样就完成了恢复程序。

（4）系统解除状态下的报警恢复（在报警器被触发的状态下恢复报警功能的操作）

1）非设备异常的场合（见图 10-8）：

① 按控制器上的 SECOM 按钮。

② 查看控制器上的分区指示灯，以了解发生异常的地点。

③ 在恢复异常（使异常状况恢复正常）之后按控制器上的 SECOM 按钮，确认报警指示灯已熄灭，到此完成了恢复程序。

注：在第三步的操作后，如果报警指示灯不熄灭（虽然所有的分区指示灯亮着）则表明系统有故障，这时执行下面的操作。

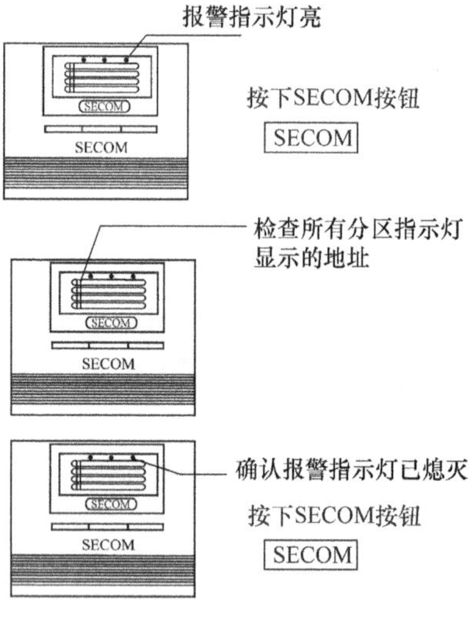

图 10-7　系统设定状态的报警恢复操作

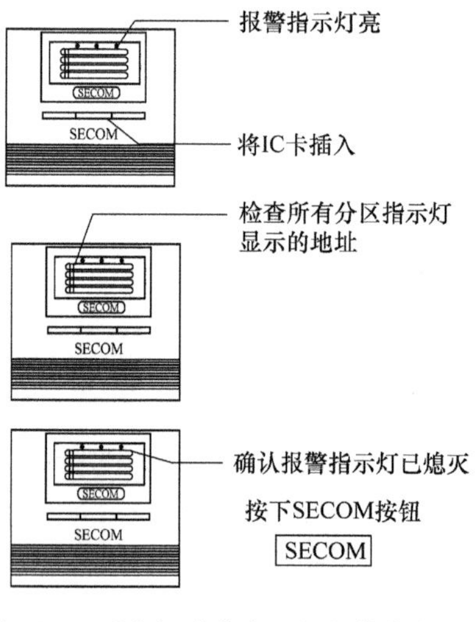

图 10-8　系统解除状态下的报警恢复操作

2）设备异常的场合：

① 打开控制器的护盖，检查位于控制器内侧的 7 段数码管（LED）显示的异常监视代码（参见表 10-3）。

② 恢复设备（使异常状况恢复正常）之后，按控制器上的 SECOM 按钮，确认报警指示灯已熄灭，这样就完成了恢复程序。

表 10-3　代码附表

<table>
<tr><th>旋转开关</th><th>7 段数码管指示</th><th colspan="2">登 录 单 元</th><th>设定值（0 表示初始值）</th></tr>
<tr><td>0</td><td>0</td><td colspan="2">运用状态</td><td></td></tr>
<tr><td>1</td><td>1</td><td colspan="2">卡登录</td><td>0（登录）、1（删除）</td></tr>
<tr><td>2</td><td>2</td><td colspan="2">用户终端代码（仅限于联机时使用）</td><td>4 位（客户联机）
5 位（SECOM 联机）</td></tr>
<tr><td>3</td><td>3</td><td colspan="2">第一管制电话号码（仅限于联机时使用）</td><td>最大 20 位（脱机时不必登录）</td></tr>
<tr><td>4</td><td>4</td><td colspan="2">第二管制电话号码（仅限于联机时使用）</td><td>最大 20 位（脱机时不必登录）</td></tr>
<tr><td rowspan="7">5</td><td rowspan="7">5</td><td rowspan="6">传感器回路监视代码登录</td><td>SENSOR-1</td><td>0、1、2、3、4、5、6、7、8、9</td></tr>
<tr><td>SENSOR-2</td><td>0、1、2、3、4、5、6、7、8、9</td></tr>
<tr><td>SENSOR-3</td><td>0、1、2、3、4、5、6、7、8、9</td></tr>
<tr><td>SENSOR-4</td><td>0、1、2、3、4、5、6、7、8、9</td></tr>
<tr><td>SENSOR-5</td><td>0、1、2、3、4、5、6、7、8、9</td></tr>
<tr><td>SENSOR-6</td><td>0、1、2、3、4、5、6、7、8、9</td></tr>
<tr><td colspan="3">0（未使用）1（火灾）2（紧急通报）3（煤气泄漏）4（备用 1）5（备用 2）7（侵入）8（侵入）9（最终门）</td></tr>
<tr><td rowspan="6">6</td><td rowspan="6">6</td><td rowspan="6">传感器回路监视检测方式登录</td><td>SENSOR-1</td><td>0（EOLR）1（NO）2（NC）</td></tr>
<tr><td>SENSOR-2</td><td>0（EOLR）1（NO）2（NC）</td></tr>
<tr><td>SENSOR-3</td><td>0（EOLR）1（NO）2（NC）</td></tr>
<tr><td>SENSOR-4</td><td>0（EOLR）1（NO）2（NC）</td></tr>
<tr><td>SENSOR-5</td><td>0（EOLR）1（NO）2（NC）</td></tr>
<tr><td>SENSOR-6</td><td>0（EOLR）1（NO）2（NC）</td></tr>
<tr><td rowspan="6">7</td><td rowspan="6">7</td><td rowspan="6">传感器回路
检测时间登录</td><td>SENSOR-1</td><td>0（400s）1（800s）2（1600s）3（3200s）4（6400s）</td></tr>
<tr><td>SENSOR-2</td><td>0（400s）1（800s）2（1600s）3（3200s）4（6400s）</td></tr>
<tr><td>SENSOR-3</td><td>0（400s）1（800s）2（1600s）3（3200s）4（6400s）</td></tr>
<tr><td>SENSOR-4</td><td>0（400s）1（800s）2（1600s）3（3200s）4（6400s）</td></tr>
<tr><td>SENSOR-5</td><td>0（400s）1（800s）2（1600s）3（3200s）4（6400s）</td></tr>
<tr><td>SENSOR-6</td><td>0（400s）1（800s）2（1600s）3（3200s）4（6400s）</td></tr>
<tr><td>8</td><td>8</td><td colspan="2">出入延迟时间</td><td>0（0s）1（20s）2（40s）3（60s）4（90s）5（120s）6（180s）</td></tr>
<tr><td rowspan="3">9</td><td rowspan="3">9</td><td rowspan="3">移报输出设定登录</td><td>动作条件</td><td>0、1、2、3、4、5、6、7、8、9、A、B、C、D、E</td></tr>
<tr><td colspan="2">0（无设定）1（火灾）2（紧急）3（煤气）4（侵入异常）5（设备异常）6（机器异常）7（全部）8（全部/机器异常除外）9（全部/紧急除外）A（回路线断）B（ARM 操作是在延时时间开始前置 ON，DISARM 操作时置 OFF）C（ARM 操作是在延时时间已结束后置 ON，DISARM 操作时置 OFF）D（DISARM 操作时置 ON，ARM 操作时置 OFF）E（按 SECOM 按钮时置 ON 1s）</td></tr>
<tr><td>输出时间设定</td><td>0（持续）　1（10s）　2（30s）　3（1min）
4（5min）　5（10min）　6（30min）</td></tr>
</table>

（续）

旋转开关	7段数码管指示	登录单元		设定值（0表示初始值）
10	A	回路断线检测有无登录	动作条件	0（无）1（有）
11	B	与SECOM联机时使用设置		
12	C	电池连接与否登录		0（无） 1（有）
		区域报警设定的登录		0（无） 1（有）
		机器异常时蜂鸣鸣叫设定的登录		0（不鸣叫） 1（鸣叫）
13	D	传感器检查		
14	E	信号检查		仅限于联机时使用

学生实训17 报警系统设备的安装与调试

1. 实训内容

1）参观校园内的红外报警系统，了解信号传输过程。

2）掌握典型被动红外探测器的工作原理和工作过程。

3）利用教学设备掌握典型红外探测器的安装，设置和使用。

4）自我或小组内检验安装、设置效果。

2. 实训设备

校园内的红外报警系统（SECOM CN-T9010）、演示报警系统（SECOM CN-T9010），套装工具、电钻、传输线缆。

3. 实训方式

以小组为单位进行参观并练习典型红外报警系统的安装、设置和使用。

4. 实训要求

1）在参观过程要注重思考，切忌走马观花。

2）对设备的安装要按步骤、按次序，不能盲目，使用工具轻拿轻放。

3）注意用电安全。

4）具有团队合作精神。

5）实训完成后按要求整理场地。

单元小结

本单元主要介绍了防盗报警系统的设计与安装。在选择、安装探测器时可参考防区类型、需要防范的具体部位以及建设投资等实际要求来选择探测器。对于常用类型的探测器在安装时应遵循：安装方向应与探测目标移动方向垂直，根据探测器的指标确定安装距离、角度、高度，不宜正对玻璃门窗和强光源。防盗报警主机电路板上提供与其他所有设备的接口端子，包括报警主机、前端探测器、键盘输入装置和警讯发送装置（联网报警通讯和现场声光报警），在连接时只需找到对应设备的接线端子连接即可。

习　题

1. 总结红外探测器在安装时的注意事项。

2. 根据对校园防范报警系统的参观，说说在安装过程中工程人员注意到了哪些问题，考虑到了哪些方面？

模块4　系统设计、设备选型及相关工作

在安防工程施工前，有一个非常重要的工作，那就是系统的设计和设备的选型，这部分工作涉及面比较广，包括建设单位、施工单位、监理单位和公安系统在内的许多单位，因此，需要考虑的环节和因素众多。本模块将以监控系统为例介绍系统设计的相关工作步骤和方法，具有一定的指导意义。

单元11　监控系统的设计

学习目标：

1. 掌握监控系统各部分的设计原则和方法。
2. 能够根据需求进行简单的系统设计。

重点难点：

监控系统各部分的设计原则和方法。

11.1　监控系统的设计规定

1）监控系统的制式应与通用的电视制式一致，符合国内的实际情况，做到经济实用、维护方便。

2）监控的目的是了解监视目标的形体变化，要求适应范围大、可靠性高、售价低、维修容易，对温度、湿度要求低。

3）系统一般由摄像、传输、显示及控制4个主要部分组成。设计系统时，要注意以下4种不同的状态：

① 连续监控一个固定目标时，应选择摄像机、传输线缆、监视器组成的系统。

② 集中监视多个分散目标时，应选择摄像机、传输线缆、切换控制器、监视器组成的系统。

③ 在多处监视同一固定目标时，应选择摄像机、传输线缆、视频分配器、监视器组成的系统。

④ 在多处监视多个目标时，应选择摄像机、传输线缆、切割控制器、视频分配器、监视器组成的系统。

4）系统施工的工作环境温度应符合下列要求：

① 寒冷地区室外工作的设施：-40～35℃。

② 其他地区室外工作的设施：-10～55℃。

③ 室内工作的设施：-5～40℃。

5）系统设备、部件、材料的选择应符合规定。

6）图像质量可按五级损伤制评定。

7）系统的设计方案应根据下列因素确定：

① 根据系统技术和功能要求，确定系统组成及设备配置。

② 根据建筑平面和实地勘查，确定摄像机和其他设备的设置地点。

③ 根据监视目标和环境的条件，确定摄像机类型及防护措施。

④ 根据摄像机分布及环境条件，确定传输电（光）缆的线路路由。

⑤ 应优先选用国内产品，当选用国外产品时，其性能指标应优于国内产品。

⑥ 采用的产品应是形成工业批量生产，并经鉴定合格的产品，产品的厂家必须持有生产许可证、检验合格证、产品技术指标和使用说明书。

总之，在系统设计时，应该全面、科学地进行调研、分析，系统选用的方案要具有可靠性、必要性、合理性和先进性。

11.2　监控系统各部分的设计

11.2.1　前端系统设计

电视监控用摄像机按摄像器件的不同可分为真空摄像器件（即真空摄像管）摄像机和固体摄像器件（CCD 器件、MOS 器件）摄像机两大类。真空摄像管开发早、种类多，而目前已被一般电视监控系统选用的固体摄像管所代替，后者是近年发展起来的一类新型摄像器件，它的优点是惰性小、灵敏度高、抗强光照射、几何失真小、均匀性好；抗冲振，没有微音效应；小而轻、寿命长。电视监控用摄像机目前正朝着小型化、轻量化、廉价化，并提高图像质量、增加操作功能的方向发展。摄像部分设计要考虑以下几点：

1）在选择摄像机时，一般要求监视目标的环境最低照度应高于摄像机要求最低照度的10 倍以上。通常黑白监视器监视目标最低照度不应小于 10lx，彩色监视器监视目标最低照度不应小于 50lx。零照度环境下宜采用红外光源或其他光源。

2）要将被监视的目标图像既可在监视器上充分显示出来，又能达到最经济合理的要求，一般来说，对于具有一定的空间范围、兼有宏观和微观监测要求、需要经常反复监测、又不需要同时监测的场合，宜采用变焦距镜头和遥控云台，除此之外，则尽可能采用定焦距镜头。

监视目标逆光摄像时，宜选用具有逆光补偿的摄像机；监视目标亮度高低相差 100 倍以上或昼夜使用的摄像机，应选用自动光圈或电动光圈镜头；当需要遥控时可选用具有光对焦、光圈开度、变焦距的遥控镜头；需要隐蔽安装的摄像机，宜采用针孔镜头或棱镜镜头；电梯轿箱内的摄像机镜头就应选用水平视场角大于 70°的广角镜头。

3）摄像机可选用体积小、重量轻、便于现场安装和检修的电荷耦合器件（CCD）型摄像机。它具有寿命长、体积小、重量轻、不受磁场干扰、抗振动、像延迟小、灵敏度高等特点。

4）根据工作环境来选择摄像机防护罩。防护罩可根据需要设置温控系统和遥控刷水器等，达到防高温、防低湿、防雨、防尘等目的。在温差大、需要防雨、防尘的露天环境中工作时，防护罩应能避免日光直射，刮去玻璃窗上的水珠，防止玻璃上结露，低温环境下可对摄像机加热等。防护罩品种繁多，要根据其使用场所、密封性能、结构强度、符合功能来选择。

5）当一台摄像机需要监视多个不同方向的场景时，应配置自动调焦装置和遥控电动云台。目前，云台有三大类产品（水平云台、全方位云台和球形云台），按电压供电方式分有交流型和直流型，要结合控制器的类型和系统中其他设备统一考虑。交流云台适用于定速操作，直流型云台适用于变速操作，它速度快，特别适用于带预置的系统。应根据不同的使用环境，选择合适的云台。

6）摄像机需要隐蔽时，可设置在顶棚和墙壁内，镜头可采用针孔或棱镜镜头。监视水下目标时，应采用高灵敏度摄像管和密闭耐压、防水防护套。

7）摄像机的安装应符合下列要求：

① 摄像机宜安装在监视目标附近不受外界损伤的地方，安装位置不影响现场设备运行和人员正常活动。室内摄像机的安装高度以2.5~5m为宜，室外以3.5~10m为宜。

② 电梯内的摄像机应安装在其顶部，与电梯操作器成对角处（也可视具体情况而定），且摄像机的光轴与电梯的两壁及顶棚成45°。

③ 摄像机镜头应避免强光直射，保证摄像管靶面不受损伤。镜头视场内，不得有遮挡物。

④ 摄像机镜头应从光源方向对准监视目标，并应避免逆光安装；当需要逆光安装时，应降低监视区域的对比度。

⑤ 常用的镜头可参考表11-1内容，这些数值均为工程经验值。

表11-1 镜头的工程经验值

角度数/（°）	焦距/mm	距离/m	精确距离/m
95	2.8	10	4~6
70	4.0	15	8~10
48	6.0	20	10~12
36	8.0	24	12~14
25	12.0	27	14~20
17	16.0	30	20

11.2.2 传输部分的设计

1. 系统图像信号的传输方式

1）传输距离较近时，可采用同轴电缆传输视频基带信号的传输方式。视频信号传输线有同轴电缆（不平衡电缆）、平衡对称电缆（电话电缆）、光缆。平衡对称电缆和光缆一般用于长距离传输，对于宾馆酒店等建筑一般采用同轴电缆传输视频基带信号的传输方式。当采用 75-5 同轴电缆且一般传输距离在 300m 时，应考虑使用电缆补偿器。当采用 75-9 同轴电缆且摄像机和监视器间的距离在 500m 以内时，可不加电缆补偿器。

2）传输距离较远时，监视点分布范围广，或需要进入电缆电视网时，宜采用同轴电缆传输射频调制信号的射频传输方式。如果更长距离的传输或需要避免强电磁干扰的传输，宜采用光缆传输。当有防雷要求时，应采用无金属光缆。

2. 控制方式及控制信号的传输

电视监控系统应具有对电动云台、电动变焦镜头、防护罩和电源的控制功能。控制中心与受控中心间的距离及受控设备的多少决定电视监控系统的控制方式。

1）当摄像机数量少，控制距离不超过 500m 时，可采用直接控制方式，用多芯电缆传输控制信号。这种方式控制线数量多，施工量大。

2）当摄像机数量少，控制单元较少，控制距离在 1000m 以内时，可采用间接控制方式。这种方式控制线数量也较多。

3）由于 PC 技术的极大进步，现已将数字技术广泛应用于传统的模拟电视监控领域，这就是数据编码微机控制方式。这种方式采用串行码传输控制信号，系统控制线只需两根，适用于大中型系统的控制及长距离传输，还可以用软件将监控与报警系统兼容起来。

4）当控制距离在 300～500m 时，来自摄像机的视频信号及来自控制器端的控制信号可共用一条同轴电缆，这就是同轴视控方式。这种方式虽能节省控制线，但目前此类设备较昂贵，设计时要综合考虑。

3. 传输线路路由设计要求

1）路由应简短便捷、安全可靠、施工维护方便。

2）应避开恶劣环境条件或易使管线损伤的地段。

3）与其他管线等障碍物不宜交叉跨越。

4. 传输线路的敷设设计

线路敷设应符合现行国家标准 GB 50168—2006《电气装置安装工程电缆线路施工及验收规范》的规定。

1）室内传输线路的敷设应符合以下要求：

① 当采用通信管道（含隧道、槽道）敷设时，不宜与通信电缆共管孔，应符合 YD 5102—2010《通信线路工程设计规范》。

② 当电缆与其他线路共沟敷设时，其最小间距应符合表 11-2 的规定。

表 11-2　电缆与其他线路共沟的最小间距

种　　类	最小间距/m
AC 220V 供电线	0.5
通信电缆	0.1

③ 当采用架空电缆与其他线路共杆架设时，其两线间最小垂直间距应符合表 11-3 的规定，具体可参见国家标准 GB 50168—2006《电气装置安装工程电缆线路施工及验收规范》。

表 11-3 电缆与其他线路共杆架设的最小垂直间距

种　　类	最小间距/m
1 ~ 10kV 电力线	2.5
1kV 以下电力线	1.5
广播线	1.0
通信线	0.6

④ 线路在城市郊区、乡村敷设时，可采用直埋敷设方式。

⑤ 当线路敷设经过建筑物时，可采用沿墙敷设方式。

⑥ 当线路跨越河流时，应采用桥上管道或槽道敷设方式；当没有桥梁时，可采用架空敷设方式或水下敷设方式。

2）室外传输线路的敷设应符合以下要求：

① 无机械损伤的建筑物内的电（光）缆线路或扩建、改建工程，可采用沿墙明敷方式。

② 在要求管线隐蔽或新建的建筑物内可用暗管敷设方式。

③ 在易受外界损伤，线路上其他管线和障碍物较多，易受电磁干扰或易燃易爆等危险场所，可采用暗管配线。

④ 电缆与电力线平行或交叉敷设时，其间距不得小于 0.3m；与通信线平行或交叉敷设时，其间距不得小于 0.1m。

3）同轴电缆宜采取穿管暗敷或线槽的敷设方式。当线路附近有强电磁场干扰时，电缆应在金属管内穿过，并埋入地下。当必须采取架空敷设时，应采取防干扰措施。

11.2.3 监控室的设计

1. 监控室的布局设计

1）监控室的布局设计应符合 GB 50115—2009《工业电视系统工程设计规范》和 JGJ 16—2008《建筑电气设计技术规范》的有关规定。

2）监控室操作区与显示区的距离以监视者与屏幕之间的距离为屏幕对角线的 4 ~ 6 倍设置为宜。

3）监控室宜设置在环境噪声较小的场所；使用面积根据设备容量确定，宜为 12 ~ 50m^2；地面应光滑、平整、不起尘；门的宽度不应小于 0.9m，高度不应小于 2.1m；室内温度宜为 16 ~ 30℃，相对湿度宜为 30% ~ 75%。

4）监控室内的电缆、控制线的敷设宜设置地槽；当不宜设置地槽时，也可敷设在电缆架槽、电缆走道、墙上槽板内，或采用活动地板，活动地板要求能防静电；架空高度应大于或等于 0.25m；根据机柜、控制器等设备的相应位置，留进线槽和进线孔；根据机柜、控制台等设备的相对位置，设置电线槽和进线孔，槽的高度和宽度应满足敷设电缆的容量和电缆弯曲半径的要求。

5）控制台的设置应便于操作和维修，正面与墙体的净距离不应小于 1.2m，两侧面与墙体和其他设备的净距离在主通道不应小于 1.5m，在次通道不应小于 0.8m。控制台布局、尺寸和台面及座椅的高度应符合现行国家标准 GB/T 7269—2008《电子设备控制台的布局、形式和基本尺寸》的规定。

6）较小的监控室，宜用吊架把监视器吊于顶棚上；大中型控制室的监视器宜用监视器架摆放，一般呈内扇形或一字形，监视器架的背面和侧面距墙体的距离不应小于0.8m；固定于机柜内的监视器应留有通风散热孔；机架尺寸应符合现行国家标准GB/T 3047.1—1995《高度进制为20mm的面板、架和柜的基本尺寸系列》的规定；监视器的安装位置应使屏幕不受外界强光直射；与室内照明设计合理配合，以减少在屏幕上的反射光；监视器的外部调节按钮应暴露在方便操作的位置并加防护盖。

2. 监控室设备的设计

1）监视器是闭路电视监控系统的终端显示设备。监视器的选择应根据整套系统的技术性能指标及使用目的来选择。一般来说，监视器宜采用9~21in屏幕的监视器；在有特殊要求时，可采用大屏幕监视器或投影电视；监视器屏幕大小应根据监视的人数、画面、分辨程度及监视人与屏幕之间的距离确定，9~21in屏幕的监视器的最佳监视范围见表11-4。

表11-4　监视器最佳监视范围

屏幕尺寸/in	距监视器的最小距离/m	距监视器的最大距离/m
9	0.7	2.3
12	0.9	3.0
14	1.0	3.3
19	1.2	4.3
20	1.3	4.6

选择彩色监视器还是黑白监视器应与系统的摄像机一致。监视器的清晰度应相当于或高于摄像机的清晰度，以充分发挥摄像机的性能。监视器的数量根据实际工程需要，以区别轻重缓急、保证重点为原则，应与摄像机数量成适当比例。一般认为重点部位监视器与摄像机的比例一般不小于1:3，非重点部位不小于1:8。

2）图像的处理。闭路电视监控系统对所传输的图像信息具有切换、记录、重放、加工和复制等功能。视频切换器是能手动和自动编程，将所有视频信号在指定的监视器上进行固定或时序显示，也可以进行图像混合、画面分割、字幕叠加等处理。在用于安防的闭路监控电视系统中，视频切换器应具有与报警控制器联网的接口，当报警发生时切换出相应部位的摄像机图像，并能进行记录和重放，以便分析处理所发生的事故。

3）录像机应符合以下要求：

① 在同一系统中，录像机的制式和磁带规格要一致；录像机的输入/输出信号，音视频指标均应与整个系统的技术指标相适应。

② 当长时间记录监视画面时，可采用长时间记录的录像机。

③ 录像的存储可采用磁带、磁盘或数字硬盘存储技术。

4）系统的运行控制和功能操作在控制台上进行，其操作部分应方便、灵活、可靠。控制台装机容量应根据工程需要留有扩展余地。

11.3　系统照明的设计

1）监视目标所需最低照度如下：

① 黑白电视系统监视目标最低照度≥10lx。

② 彩色电视系统监视目标最低照度≥50lx。

2）监视目标处于雾气环境时，黑白电视系统宜采用高压水银灯作为配光，彩色电视系统宜采用碘钨灯作为配光。

3）具有电动云台的监视系统，照明灯宜设置在摄像机防护罩上和设置在与云台同方向转动的其他装置上。

11.4 供电、接地与安全防护

1. 供电

系统供电设计应符合国家现行有关建筑物设计的防火规范。

1）系统的供电电源应采用220V、50Hz的单相交流电源，由可靠的交流电源回路单独供电，并应配置专门的配电箱，当电压波动超过 -10% ~5% 范围时，应设置稳压电源。稳压电源的标称功率不得小于系统使用功率的1.5倍。

2）摄像机宜由监控室引专线经隔离变压器统一供电；远端的摄像机可就近供电，但设备应设置电源开关、熔断器和稳压等保护装置。

3）入侵报警系统的前端探测器，宜采用监控室集中供电方式。

2. 接地

1）系统的接地宜采用一点接地方式，避免因接地电位差而混入交流杂波干扰。接地母线应采用铜质线，接地线不得形成封闭回路，不得与强电的电网中性线短接和混接。

2）系统采用专用接地装置时，其接地电阻不得大于4Ω；采用综合接地网时，其接地电阻不得大于1Ω。

3）光缆传输系统中，各监控点的光端机外壳应接地，且宜与分控点统一连接接地。光缆加强芯、架空光缆接续护套应接地。在实际中往往将高层建筑建筑基础的钢筋网作为综合接地网，整个建筑的电气接地、防雷接地及各种系统设备接地都接在钢筋网接地体上。

4）由监控室引到系统其他各设备的接地线，应选用铜芯绝缘软线，其截面积不应小于$4mm^2$。

5）系统中三芯电源插座的接地端，应与系统的接地端相连。系统中有电缆进入建筑物时，在靠近电缆进入建筑物的地方，应将电缆外导电屏蔽层接地。

6）系统中所有设备的接地装置应与防雷接地装置相连。当不相连时，两者间的距离不应小于3m。

7）架空电缆吊线的两端和架空电缆线路中的金属管道应接地。

3. 安全防护

系统的防雷接地与安全防护设计应符合现行国家标准GB 50168—2006《电气装置安装工程电缆线路施工及验收规范》、GB 50057—2010《建筑物防雷设计规范》的规定。

1）进入监控室的架空电缆入室端和摄像机装于旷野、塔顶或高于附近建筑物的电缆端，应设置避雷保护装置。

2）防雷接地装置宜与电气设备接地装置和埋地金属管相连，当不相连时，两者间的距离不宜小于20m。

3）不得在两建筑屋顶之间敷设电缆，应将电缆沿墙敷设置于防雷保护区以内，并且不得妨碍车辆的运行。

设计参考标准如下：

《安全防范工程技术规范》GB 50348—2004。

《安全防范工程程序与要求》GA/T 75—1994。

《民用闭路监控电视系统工程技术规范》GB 50198—2011。

《安全防范系统通用图形符号》GA/T 74—2000。

《报警图像信号有线传输装置》GB/T 16677—1996。

《民用建筑电气设计规范》JGJ 16—2008。

《安全防范系统验收规则》GA 308—2001。

《安全防范报警设备　安全要求和试验方法》GB 16796—2009。

《智能建筑设计标准》GB/T 50314—2006。

学生实训18　系统设计与施工

1. 实训内容

1）以小组为单位学习设计要求的内容。对涉及实际工程的内容展开讨论，并给出合理的结论。

2）教师根据实际工程设置问题，学生思考并回答教师的提问。

2. 实训设备

计算机、校园监控系统。

3. 实训要求

学生根据教师设置的模拟工程进行系统设计，对于设计难点进行记录并寻求最合适的解决方案。要求学生充分发挥个人和集体的智慧，完成简单系统的设计任务。

单元小结

本单元以监控系统为例，介绍了系统设计的需求、步骤和方法。监控系统的设计主要包括前端系统设计、传输部分设计、监控室设计、系统照明设计、供电、接地与安全防护。各部分的设计均需要符合设计需求，且需要在各部分的设计完成后进行综合设计，确保各系统间能协同工作。

习　题

1. 传输线路的设计有哪些方面的工作？
2. 监控系统的设计涉及哪些国家标准？

单元12　设备选型

学习目标:

1. 掌握监控系统设备选型的一般要求。
2. 掌握监控系统主要设备选型的方法和注意事项。
3. 能够根据需求完成基本监控系统的设备选型工作。

重点难点:

1. 监控系统设备选型的一般要求。
2. 主要设备选型的方法和注意事项。

12.1　监控系统选型的一般要求

1）监控系统一般应由摄像、传输、显示及控制4个主要部分组成，应具有对图像信号采集、显示、分配、切换、控制、记录和重放的基本功能。

2）系统的制式宜与通用的电视制式一致。

3）系统的设备、部件、材料的选择应符合以下要求：

① 应采用符合现行的国家和行业有关技术标准的定型产品，进口产品至少应有商检合格证书。

② 系统的所有设备和部件的视频输入、输出阻抗以及电缆的特性阻抗均应为75Ω。

③ 系统中各种配套设备的性能及技术要求应协调一致。

4）在监视区域内，灯光照度应符合摄像系统的要求。

5）整个监控系统的技术指标应满足以下要求：

① 视频信号输出幅度 = （1 ±0.3） V（峰峰值）。

② 黑白电视水平清晰度≥350TVL。

③ 彩色电视水平清晰度≥270TVL。

④ 灰度≥8 级。

⑤ 信噪比≥38dB。

6）在摄像系统正常工作条件下，监控系统的图像质量不应低于4级要求（可察觉，但不令人讨厌）。

12.2 监控系统主要设备的选型

12.2.1 摄像机的选型

摄像机是整个监控系统的核心设备，选型时应根据现场环境和用户需求慎重选择。

1）根据安装方式选择。如固定安装，摄像机多选用普通枪式摄像机或半球摄像机；如采用云台安装方式，多选用一体化摄像机，其特点是内置电动变焦镜头、小巧美观、安装方便、性价比优，也可采用普通枪式摄像机另配电动变焦镜头方式，但价格相对较高，安装也不及一体化摄像机简便。

2）根据安装地点选择。普通枪式摄像机既可壁装又可吊顶安装，室内室外不受限制，比较灵活；半球摄像机只能吸顶安装，多用于室内且安装高度有一定限制，但和枪式摄像机相比，不需另配镜头、防护罩、支架，安装方便，美观隐蔽，且价格经济。

3）根据环境光线选择。如果光线条件不理想，应尽量选用照度较低的摄像机，如彩色超低照度摄像机、彩色黑白自动转换两用型摄像机、低照度黑白摄像机等，以达到较好的采集效果。需要说明的是，如果光线照度不高，而用户对监视图像清晰度要求较高时，宜选用黑白摄像机。如果没有任何光线，就必须添加红外灯提供照明或选用具有红外夜视功能的摄像机，其特点是：摄像机本身具有彩色黑白转换模式，自带镜头和安装支架，独特的真空包装设计，在室内使用时无需加装防护罩，且外形美观，隐蔽性好，性价比优。

4）根据对图像清晰度的要求进行选择。如果对图像画质的分辨率要求较高，应选用电视线指标较高的摄像机。一般来说，对于彩色摄像机，420 TVL、450 TVL（电视线）都为中解析摄像机，470 TVL 以上都为高解析摄像机。清晰度越高，价格相对越高。

5）还应注意产品说明上的一些性能指标，如信噪比、自动光圈镜头的驱动方式等。一般的电视监控系统中信噪比指标要选大于 48dB 的，这样不仅满足行业标准规定的不小于 38dB 的要求，更重要的是当环境照度不足时，信噪比越高的摄像机图像就越清晰。镜头的驱动方式一般选用双驱动，以便可以随意选用 DC 驱动或视频驱动的自动光圈镜头。

6）根据需要选定摄像机后，安装和使用应规范、谨慎，按照产品说明书进行正确操作，注意工作温度、电源电压等参数。绝大多数摄像机生产厂家的温度指标是 -10 ~ 50℃，如使用地区的温度、湿度变化较大应加特别防护。由于国内摄像机交流电压适应范围一般是 200 ~ 240V，抗电源电压变化能力较弱，在系统中使用时需添加稳压电源。

12.2.2 镜头的选型

如果把摄像机比喻为人的眼睛，镜头就好比是眼球，它直接关系到监看物体的远近、范围和效果。镜头的选用应考虑以下几点：

1）镜头尺寸应等于或大于摄像机成像面尺寸。例如 1/3in 摄像机可选 1/3 ~ 1in 整个范围内的镜头，虽然水平视角的大小都是一样的，但使用大于 1/3in 的镜头可以使镜头中心光路更精确，提高图像质量和分辨率。

2）选用合适的镜头焦距。焦距越大，监看距离越远，水平视角越小，监视范围越窄；焦距越小，监看距离越近，水平视角越大，监视范围越宽。镜头焦距可按照下式估算：

$$f = AL/h$$

式中：f 为镜头焦距（mm）；A 为摄像机 CCD 垂直尺寸，靶面成像高度（mm）；L 为被摄物体到镜头的距离（mm）；h 为被摄物体的高度（mm）。

① 监视对象为固定目标时，可选用定焦镜头。

② 监视目标视距较大时，可选用望远镜头。

③ 监视目标视距较小而视角较大时，可选用广角镜头。

④ 需要改变监视目标的观察视角和视角范围较大的情况，应选用变焦镜头。

3）考虑环境光线的变化。光线对图像的采集效果起着十分重要的作用。一般来说，对于光线变化不明显的环境，常选用手动光圈镜头，将光圈手调到一个比较理想的数值后就可不动了；如果光线变化较大，如室外 24h 监看，应选用自动光圈，能够根据光线的明暗变化自动调节光圈值的大小，保证图像质量。但需注意的是，如果光线照度不均匀，特别是监视目标与背景光反差较大时，采用自动光圈镜头效果不理想。

4）考虑最佳监看范围。因为镜头焦距和水平视角成反比，因此既想看得远，又想看得宽阔和清晰，这是无法同时实现的。每个焦距的镜头都只能在一定范围内达到最佳的监看效果，所以如果监看的距离较远且范围较大，最好是增加摄像机的数量，或采用电动变焦镜头配合云台安装。

5）镜头接口与摄像机接口要一致。现在的摄像机和镜头通常都是 CS 型接口，CS 型摄像机可以和 CS 型、C 型镜头配接，但和 C 型镜头接配时，必须在镜头和摄像机之间加接配环（5mm），否则可能碰坏 CCD 成像面的保护玻璃，造成 CCD 摄像机的损坏。C 型摄像机不能和 CS 型镜头配接，此时镜头成像面距 CCD 受光面太远，不可能得到聚焦的图像。

6）在选择镜头时要综合考虑以下问题：

① 根据摄像机 CCD 的尺寸，选择适当成像规格的镜头。镜头尺寸与 CCD 垂向尺寸对照见表 12-1。

表 12-1 镜头尺寸与 CCD 垂向尺寸对照

镜头尺寸/in	1	2/3	1/2	1/3	1/4
CCD 垂向尺寸/mm	9.6	6.6	4.8	3.6	2.7

② 所选镜头的安装接口尺寸应与 CCD 摄像机接口尺寸相符。

③ 由要求观察目标的距离和视场估算镜头的焦距值。

④ 是否需要用自动光圈镜头。

⑤ 是否需要变焦距镜头。

12.2.3 云台的选型

云台可以简单理解成一个可以全方位（水平 360°，垂直 90°）自由旋转的底座。云台的使用扩大了摄像机的视野。在电视监控系统中，需要巡回监视的场所，如大厅、操场、广场等常选用云台。水平云台和全方位云台为裸露型云台，安装摄像机时需加装摄像机防护罩；球形云台为内置型云台，外部有全球或半球护罩，因此球形云台较普通云台具有外形美观、隐蔽、安装简便的特点。选用云台时要注意以下几点：

1）所选用云台的技术条件应符合 GB/T 15412—1994《应用电视摄像机云台通用技术条件》中的规定。

2）分清室内、室外安装。室外云台较室内云台具有更好的防水性、耐腐蚀性、恒温性和抗冲击能力，以适应室外复杂的气候条件，其重量和承载能力也都大于室内云台。

3）考虑特殊环境要求。如宾馆、小区、政府机关、写字楼等场所，一般对产品安装后的隐蔽性要求较高，因而多采用球形云台。需要注意的是，由于室内半球云台需吸顶嵌入安装，因此如果墙顶无法镂空时，则无法安装。

4）如果给摄像机添加红外灯，必须选用普通云台，球形云台无法挂装红外灯。

5）球形云台没有机械刮水器，如果必须使用刮水器功能，只能选用普通云台配以刮水器防护罩。

6）若需要监视变化的场景，摄像机应配置电动云台，并注意以下方面：

① 所选云台的负荷能力应至少大于实际负荷重量的 1.2 倍。

② 云台转动停止时应具有良好的自锁性能，水平和垂直转角回差应小于等于 1°。

③ 室内电动云台在承受最大负载时，噪声应小于等于 50dB。

④ 室内云台安装高度以 2.5 ~5m 为宜，室外云台安装高度以 3.5 ~5m 为宜。

12.2.4 防护罩的选型

防护罩用于保护摄像机和镜头，分为室内型和室外型。选择防护罩时应注意以下几点：

1）根据安装位置，正确选用室内或室外防护罩。室内防护罩的主要作用是防尘，而室外防护罩除防尘之外，更主要的作用是保护摄像机在各种恶劣的自然环境（如雨、雪、低温、高温等）下正常工作。因而，室外全天候防护罩不仅具有更严格的密封结构，还具有刮水器、喷淋、升温和降温等多种功能。因此，室外防护罩的价格远高于室内防护罩。需要注意的是，由于部分地区四季温度变化不大，均在摄像机的工作温度内，这样可选用不带恒温功能的普通室外防护罩，以降低成本。

2）选用相应尺寸的防护罩。防护罩尺寸应大于摄像机和镜头尺寸之和，否则，摄像机和镜头无法装入。

3）如选用带恒温功能的防护罩，应考虑给防护罩的供电问题；选用带刮水器功能的防护罩，如果有解码器，可通过解码器控制，如果没有解码器，应考虑添加继电器来控制。

4）根据特殊需要，还可选用防爆、防冲击、防腐蚀、防辐射等特殊功能的防护罩。

12.2.5 控制中心设备的选型

1. 监视器的选型

1）监视器选择时，考虑的因素有以下几点：

① 数量。监视器的配置数量由摄像机配置的数量决定，一般采用 4∶1 方式。

② 清晰度。根据所用摄像机的分解力指标，选用高一档清晰度的监视器，一般应高出 100TVL。

③ 颜色。彩色/黑白摄像机应配用相应的监视器。

④ 尺寸。根据监视者与监视器屏幕之间的距离为屏幕对角线的 4 ~6 倍的关系来选定。

2）监视器的选用原则应注意以下几点：

① 选用已通过国家法定的质量监督检验部门及有关管理部门认证并允许生产和销售的产品。

② 有良好的售后服务体系。

③ 监视器的实际技术指标应与其产品说明书给出的相一致。

④ 监视器的某些技术指标可略低于同一系统中所用摄像机的同一技术指标。

⑤ 最好选用金属外壳，屏蔽性能好。

⑥ 标准的监视器的电源电路应设有隔离变压器。

2. 硬盘录像机的选型

目前市场上的硬盘录像机品种很多，如何选择一款最合适的硬盘录像机，对于很多工程商来说是一个难题，特别是新手，更是无从下手。选择硬盘录像机应重点考察该硬盘录像机图像压缩方式、图像质量、实时性、网络性能、稳定性及价格。压缩技术是硬盘录像机的核心，选择何种压缩方法最为关键。这里既要考虑到图像的画质，又要顾及图像的存储量和传输速度。目前市面上出现的硬盘录像卡压缩方式主要有 M-JPEG、小波算法、MPEG-1、H263、MPEG-4、H. 264 等。

1）M-JPEG 是一种基于静态图像压缩技术 JPEG 发展起来的动态图像压缩技术，其缺点一是压缩效率低，M-JPEG 算法是根据每一帧图像的内容进行压缩，而不是根据相邻帧图像之间的差异来进行压缩，因此造成了大量冗余信息被重复存储，存储占用的空间大到每帧 8B ~ 20KB，最好也只能做到每帧 3KB。另外一点是它的实时性差，在保证每路都必须是高清晰度的前提下，很难完成实时压缩，而且丢帧现象严重，如果采用高压缩比则视频质量会严重降低。

2）小波算法技术可使图像信号的时域分辨率和频域分辨率同时达到最高。内核采用行进中压缩和解压缩方式，压缩比可达 70∶1 或更高，压缩复杂度约为 M-JPEG 的 3 倍，因为图像的小波分解非常适宜于视频图像压缩，使图像压缩成为小波理论最成功的应用领域之一。

3）MPEG-1 与 M-JPEG 技术相比较，在实时压缩、每帧数据量、处理速度上均有显著的提高。PAL 制时，MPEG-1 在满足多达 16 路以上 25 帧/s 的压缩速度，在 500kbit/s 的压缩码流和分辨率 352 × 288 的情况下，每帧大小仅为 2KB。但 MPEG-1 也存在着诸多不足，一是压缩比还不够大，在多路监控情况下，录像所要求的磁盘空间过大；二是图像清晰度还不够高，最大清晰度仅为 352 × 288；三是对传输图像的带宽有一定的要求，在普通电话线窄带网络上无法实现远程多路视频传送；四是 MPEG-1 的录像帧数固定为 25 帧/s，不能丢帧录像，使用灵活性较差。

4）H. 263 具有较高的压缩比，但图像质量不如 MPEG-4。

5）MPEG-4 具有很高的压缩比，图像质量高（DVD 画质），MPEG-4 的压缩比是 MPEG-1 和 M-JPEG 所不能比拟的。采用 MPEG-4 压缩标准的视/音频全同步录像所需的硬盘空间仅为相同图像质量的 MPEG-1 或 M-JPEG 所需空间的 1/10。采用 MPEG-4 压缩的硬盘录像机有软压缩与硬压缩两类板卡。

6）H. 264 是 MPEG-4 标准所定义的最新，同时也是技术含量最高、代表最新技术水平的视频编码格式之一。H. 264 最具价值的部分是更高的数据压缩比。在同等的图像质量条件下，H. 264 的数据压缩比比当前 DVD 系统中使用的 MPEG-2 高 2 ~ 3 倍，比 MPEG-4 高

1.5～2倍。正因为如此，经过H.264压缩的视频数据，在网络传输过程中所需要的带宽更少，也更加经济。在MPEG-2需要6Mbit/s的传输速率匹配时，H.264只需要1～2Mbit/s的传输速率。

在网络高度发达的今天，网络远程监控也成了硬盘录像机必备的功能，由于受带宽限制，压缩比大、网络传输效果佳的MPEG-4产品最受用户的欢迎。网络监控主要有采用客户端软件、Windows Media Player、IE等方式监控。稳定性是硬盘录像机与其他软硬件产品非常重要的指标。硬盘录像机的稳定性与以下因素有关：

① 主板、显卡及硬盘录像卡、硬盘等。

② 操作系统。

③ 监控软件。

所以为了追求硬盘录像机的稳定性，应尽量选择可靠性佳的主板，如微星、华硕、技嘉等，另外，硬盘录像机的图像处理量大，对显卡的要求高，需要性能优越的显卡。操作系统也是影响稳定的一个重要因素，多数工控式硬盘录像机主机的操作系统为Windows 2000或Windows XP操作系统。监控软件的质量优劣可从其可执行文件（.exe文件）的大小看出，如果可执行文件越小，说明软件稳定性较好，且做工精致，精益求精，稳定性佳。硬盘录像软件很多是采用MFC、VB、DEPHI等开发工具编写而成，采用以上工具编写硬盘录像软件快捷，但软件质量较差，用户不妨检查一下硬盘录像软件可执行文件（.exe文件）的大小，如果很大，大于5MB以上，很可能就是采用MFC、VB、DEPHI等开发而成。

学生实训19 系统设备选型调研

1. 实训内容

1）以小组为单位学习设备选型的内容。对涉及实际工程的内容展开讨论，并给出合理的结论。

2）教师根据实际工程设置问题，学生思考并回答教师的提问。

2. 实训设备

计算机、校园监控系统。

3. 实训要求

学生根据教师设置的模拟工程进行设备选型，对于难点进行记录并寻求最合适的解决方案。要求学生充分发挥个人和集体的智慧，完成简单系统的设备选型任务。

单元小结

本单元介绍了监控系统选择设备的原则。监控系统一般应由摄像、传输、显示及控制4个主要部分组成，应具有对图像信号采集、显示、分配、切换、控制、记录和重放的基本功能。监控系统的设备主要包括摄像机、镜头、云台、防护罩以及监控系统的中心设备。选择设备的原则为满足系统功能需求、满足系统的统一制式、满足国家的规范要求、满足系统的主客观评价需求。

习 题

1. 摄像机选型中要考虑哪些问题？
2. 根据实际情况，怎样选择硬盘录像机？
3. 整个监控系统的技术指标应该符合哪些要求？

单元 13　系统工程建设的相关工作

学习目标：

1. 了解系统工程建设的相关工作。
2. 具备规划系统工程建设相关工作的基本能力。

重点难点：

系统工程建设的相关工作。

13.1　建设单位的相关工作

13.1.1　立项工作

1. 立项内容的基本要求

立项内容的基本要求大致有 5 点：简单性、灵活性、完整性、可靠性和经济性。

2. 立项工程的分级

安全防范工程是按风险或投资额确定工程规模，可以分为以下三级：

1）一级工程。一级风险或投资额 100 万元以上的工程。

2）二级工程。二级风险或投资额超过 30 万元、不足 100 万元的工程。

3）三级工程。三级以下风险（含三级风险）或投资额在 30 万元以下的工程。

3. 立项阶段的主要工作

在立项阶段，单位业务管理人员需要提出设计的系统目标、解决问题的范围、系统的功能和性能、运行环境、设计费用和完成时间等。立项是进行系统分析和可行性分析工作的前提。

4. 立项报告的主要条目

立项报告一般由两大部分组成。第一部分内容包括：工程题目，工程负责人和他们担负的工作；办事机构，参加单位，协作单位。第二部分内容包括：工程来源，工程开发研究的目的和意义，目前状况和发展趋势，工程具体开发研究的内容，工程完成的时间，总工程经费概算等。

5. 立项工程的委托

可行性报告经有关部门审批后，工程正式立项，然后对立项后的工程实施设计和施工委托。要注意以下几点：

1）资质。承担工程设计和施工的单位应持有省、市级以上管理部门审批发放的工程设计、施工的资格证书，方可承担工程设计和工程施工。

2）招标。

① 建设单位首先根据设计任务书的要求，编制相应的招标文件，发出招标广告和通知书。招标文件中应详尽说明工程的功能、要求、工期等。

② 建设单位应组织投标单位勘察工程现场，介绍招标文件中的有关问题。

③ 投标单位根据建设要求，写出详尽的标书，标书含初步方案设计、系统功能、实施手段、选用器材、工期和工程造价。投标单位应出示设计、施工资质、工程业绩等相关资料，并将标书密封保送。

④ 建设单位应当众开标。组织有关专业技术人员议标、审查标书、确定中标单位，发出中标通知。

3）委托。经过招标，建设单位根据设计任务的要求，向中标单位提出设计、施工委托。中标单位根据委托要求和设计任务书要求，提出单元建议书或工程设计施工方案，经建设单位批准后，委托有效，签订工程合同书。

工程合同书应包含如下内容：

① 工程名称和内容。

② 建设单位和施工单位的责任、义务。

③ 工程费用的付款方式。

④ 工程进度。

⑤ 工程验收方法。

⑥ 人员培训和器材、设备维修。

⑦ 风险及违约责任。

⑧ 其他补充事项。

13.1.2 可行性分析

可行性分析一般可定义为在建设的前期对工程单元的一种考察和鉴定，对拟议中的单元进行全面与综合的技术、经济能力的调查，判断它是否可行、值得开发。

可行性分析的目的是把所有与系统的投资效果有关的因素综合起来加以分析，用较少的投资来确定对系统方案中提出的单元进行开发。

可行性分析关注的4个领域：经济可行性、技术可行性、系统生存环境可行性和各种选用方案。

可行性分析的实质是进行一次简化，压缩了需求分析和设计过程，要在较高层次上以较为抽象的方式进行需求分析和设计过程。可行性分析可以由建设单位来承担，也可委托科研机构承担。无论谁来承担这一工作都要进行以下内容：技术能力上的可行性分析；系统开发与运行环境的可行性分析；经济投资能力的可行性分析。最后，要提供可行性分析报告（包括12项内容）。

13.1.3 招投标过程与控制

1. 标书

标书是某一工程单元向社会公开招聘建设者的文件，在实际操作过程中，又分为邀标书和公开招标书。

邀标书是工程建设单位向已知有承建工程单元能力的施工单位发出的邀请函，欢迎施工单位前来投标。作为被邀请方，不需要出资购买标书，作为邀请方可根据被邀请的施工方的施工方案、技术能力、工程经验来决定由哪一家来承建工程，在所邀请的所有方案中如果没有满意合适的，可废弃这次邀标活动，且不承担被邀方的经济损失。

公开招标则不同，被邀方要出资购买标书；工程建设的单位，只能在所参加投标的单位中评选，不得使用非投标方的单位去建设工程。

2. 招标的步骤

1）确定出建设单元和投资规模：投资规模通常称为标底（不得向投标方泄漏）。

2）确定投标单位资质，包括资质证明文件、企业级别的证明、所做工程的业绩和技术水平、企业在银行的存款和负债状态。

3）确定招标工作流程：写作招标邀请函和邀请函的发送；确定标书送达时间、地点和接待人；确定开标工程程序及相关事宜。

4）开标：公开宣布并记录投标单位名称和标价；宣布并记录因其投标书迟到或被取消投标资格的投标单位的名称；评审投标书；公布评审结果或中标单位；签订中标通知书、合同、履约保证。

3. 招标书的写作内容

招标书要简明扼要，告知投标人怎么做、做哪些，使投标者一看就清楚该项工程所需要做哪些事，大概需要多长时间，需要投入多少资金，需要购买哪些设备，需要哪些外部环境等。

1）招标书的内容：投标邀请函；投标单元要求；投标人须知；工程建设单元合同；投标文件格式和附件。

2）招标书的写作要点：简述工程单元和用户需求；工程建设原则；工程建设方案；工程交付使用时间和进度安排；单元组织管理；工程概算；测试与验收；质量保证；售后服务与技术支持。

4. 评标

评标是一项严肃的工作，不能简单化、走过场。作为评标的委员，一定要做到公正无私，做到对建设方负责，对投标方负责。读者可通过表13-1了解评标中应该考虑的方面。

表13-1　评标表

投标单位		总报价			
		得分			备注
投标单位状况 总分：12分	资质证书	2	1	0	无资质证书，总分为0，不能够做工程
	ISO9000认证	2	0	0	
	企业级别	2	1	0	
	公司注册资金 企业负债状况	2	1	0.5	
得分：（　）	人员素质	2	1	0	拥有5名高级职称人员为2分，5名以下为1分
	工程业绩	2	1	0	

（续）

投标单位		总 报 价			
		得 分			备 注
技术方案 总分：48分 得分：（ ）	产品选型	5	4	3	
	方案的完整性	5	2	0	
	方案的新特点	2	1	0	
	方案的经济性	5	4	3	
	方案的安全性	5	4	3	
	方案的灵活性	5	2	0	
	方案的实用性	7	4	2	
	方案的可扩展性	7	4	2	
	方案的先进性	7	4	2	
施工管理 总分：18分 得分：（ ）	施工进度计划合理性	6	3	0	施工进度安排合理6分 施工进度安排不明确3分 无施工进度安排0分
	管理职责的分工	6	3	0	管理人员职责分明6分 管理人员兼职过多3分
	施工队伍	6	3	0	有本单位施工队伍6分 委托施工3分
技术方案阐述 总分：12分 得分：（ ）	述标的条理性	2	1	0	
	语言表达能力	2	1	0	
	述标的针对性	2	1	0	
	述标装订配置	2	1	0	
	对提问的反应力	2	1	0	
	对回答问题的满意度	2	1	0	
	服务响应周期	5	2	0	2h响应，半天内到现场5分 2h响应，一天内到现场2分
	技术培训	5	2	0	有自己的培训单元5分 委托别人培训2分
评审人	评审时间				总得分：

目前，许多招标单位，在评标时采用如下做法：首先在众多的投标公司中由专家评审出前5名或前7名作为入围者，然后把这几家的标价求和除以入围数。标价与平均数详相近的公司中标。公式为

$$中标方 \leqslant \sum_{i=1}^{n} x_i/n$$

式中，n 为入围的公司数。

13.2 设计方的相关工作

13.2.1 初步设计和方案论证

在委托生效后，设计方根据工程内容组织技术人员做出初步设计。

（1）初步设计的主要内容

① 系统设计方案及系统功能。

② 系统的框图。

③ 器材平面布防图及防护范围。

④ 中央控制室的布局控制功能。

⑤ 主要器材的性能、特点及配套清单。

⑥ 管线的敷设。

⑦ 工程费用概算和工期。

（2）方案论证的主要内容

工程单元的初步设计完成后，由建设单位主持，业务主管部门、上级主管部门和设计施工单位及一定数量的技术专家对初步设计进行论证。

① 论证时应对初步设计的各项内容进行审查，对其技术、质量、费用、工期、服务和预期效果做出评价。对有异议的评价意见，需要有设计单位和建设单位协调处理意见后，方可上报审批。

② 初步设计和论证意见由建设单位报送相应业务主管审批，批准后方可进入正式设计阶段。

13.2.2 工程设计

1. 对设计人员的具体要求

① 熟悉国家有关部门对建设单位的要求和有关的法律法规及有关的标准。

② 全面了解并掌握工程所需的设备和器材的性能、技术指标及发展动向。

③ 具有较全面的专业知识和熟练的设计技能。

④ 具有较强的责任感和保密意识。

2. 工程设计的程序与步骤

（1）建设单位给出设计任务书

1）设计任务书及其内容。设计任务书内容包括设防目的、系统应具有的总体功能、技术性能指标、工作环境情况、传输距离、控制方式及建设工期、工程投资数额、建成后应达到的预期效果等。设计任务书的写作要考虑外部条件和内部条件的结合；要考虑短期目标和长期目标的结合；要考虑部分目标和整体目标的结合。

2）进行工程现场勘察。现场勘察是进行工程设计的基础，需甲乙双方的技术人员共同参与，了解或熟悉以下若干问题。

① 防护目标的自身特点及放置情况。

② 设防部位、建筑结构、管道分布及物品布局情况，如建筑物楼层、内外楼道、非正

常通道、通风管道、暖气装置、家具陈设、各种供电线路的分布情况等。

③ 建设单位设防区域的周边环境，如四周交通和房屋状态、地形等。

④ 了解设防部位电磁波辐射强度。记录电磁波干扰强度高的区域，作为系统抗干扰设计时的参考。

⑤ 一年中室外最高温度、湿度，风、雨、雪、雾、雷电和最低温度变化情况及持续时间。

⑥ 勘察各种探测器的安装位置，必要时应进行现场模拟实验，观察覆盖范围及能否可靠工作，并在平面图上标记出探测器及出线口的位置。

在了解或熟悉以上问题后，甲乙双方的技术人员还应做好以下两点勘察工作：

① 勘察摄像机的安装位置，记录一天的光照度变化和夜间能提供的光照度情况，必要时应进行现场模拟实验，观察视场范围和图像质量，并在平面图上标记出摄像机及出线口的位置。

② 所有勘察内容均作详细记录。

（2）根据设计任务书及现场勘察结果进行方案设计

1）一般要求。根据设计任务书、现场勘察结果、防护目标的重要程度和周围环境条件等确定系统构成方式及设备配置。

2）方案设计应包含的主要内容如下：

① 系统构成框图，图中应标明系统中设备的配置数量、分布情况和传输方式等。

② 系统功能说明，包括系统的功能及主要设备的功能。

③ 防区布防图及防护范围，图中应具体标明探测器、摄像机等前端器材的位置、类型及探测器和监视的覆盖面等。

④ 控制室布局图，图中应标明控制台、终端显示设备、通信设备、通风设施、灭火装置等的位置及室内走线与系统接地等内容。

⑤ 设备、器材配置明细表，包括中心控制设备和各种探测器、监控器材、传输设备及其他辅助设备的名称、生产厂家、型号、主要功能及技术指标、数量、价格等。

⑥ 管线敷设方案，包括管线走向、架空敷设和管道敷设以及其他用途走线间的防护措施等。

⑦ 工程费用概算，包括器材设备费、设计施工费、工程检测验收费等。具体概算方法应参照 GA/T 75—1994《安全防范工程程序与要求》中的规定。

（3）建设单位对设计方案进行论证

1）组建专家组。专家组一般由 5 ~ 7 人组成，应包括建设单位保卫处（科）负责人、设计单位技术负责人、安全技术防范专家、公安主管部门技防管理人员等。

2）将设计方案提交专家审阅。

3）方案论证。论证会由建设单位主持，设计负责人叙述设计方案，回答专家质疑。

（4）设计方案审批

由建设单位将设计方案及论证意见（以及设计单位和建设单位双方对修改意见的处理结果）报送相应业务主管部门审批，批准后方可进行正式设计。

（5）工程正式设计

1）根据批准的方案进行正式设计，包括技术设计、施工图设计、操作维修说明等。

2）技术设计应包括方案设计的内容（进一步的完善），最终形成的文件必须具备设计任务书，方案设计，系统结构图及工作原理，设备、器材清单（名称、型号、主要技术指标、生产厂家等）。

（6）施工图设计

1）施工图是具体指导施工的文件，主要包括探测器和摄像机布防图、中心设备布置图、系统连线图；管线要求及管线敷设图；设备、器材安装要求及安装图。

2）图上应标明设备的具体安装位置，线路的敷设方式、走向、线间距离，所使用的导线、护套管的型号、规格，与其他用途走线的防护措施、安装要求等。

3）制图要严格按照工程制图标准和GA/T 74—2000《安全防范系统通用图形符号》中的规定进行。

（7）编制或整理操作和维修说明书

① 系统各部分的功能及操作、使用方法说明。

② 计算机程序说明。

③ 系统故障多发部位以及常见故障的判断方法和维修措施说明。

④ 售后服务承诺。

（8）工程费用预算书

工程费用预算书主要包括：工程设计费，设备器材费，设计、施工费预算，工程检测、验收费用预算。

（9）其他必要的文件

如设备使用说明书等。

（10）设计文件及工程费用审批

正式设计文件中的技术设计、施工图设计及工程费用预算需报建设单位和其上级单位审批盖章后，才可进入施工阶段。

（11）竣工设计

施工工程中对设计所做的变更应做方案记录，并画出工程竣工图存档。竣工图样一般是晒图和计算机绘制的图样。

以上是工程设计的程序与步骤的一般形式，在具体实施过程中，根据工程单元的大小，有些步骤可以简化，但是总体上不宜相差太多。

学生实训20 系统设计调研与方案书的设计

1. 实训内容

1）以小组为单位讨论实际招标和评标过程。

2）学习不同单位设计方案书的内容。

3）根据设置的实际系统，进行简单方案书的设计。

2. 实训设备

计算机、方案书。

3. 实训要求

学生今后的工作岗位具有不确定性，因此要全面了解各种性质的工作内容。对于建设方来说，主要掌握招标和评标工作的具体实施；对于设计方，主要是方案书的设计，设计方案书包括很多内容，学生以小组为单位进行讨论和写作，完成简单方案书的学习和设计。

单元小结

本单元介绍了系统工程建设的相关工作。工程建设方在工程开始前需要进行工程立项、可行性分析、招投标过程与控制等工作。工程设计方的相关工作为系统初步设计、方案论证、整体工程设计工作。系统建设相关工作是系统工程建设的前期准备、也是整个项目能否开始、顺利进行的基本保证。

习题

设计方案书包括哪些内容？书写时应注意哪些问题？

模块5　安防系统工程的施工要求

任何工程施工都有本行业的规范和经验要求，安防系统工程也不例外。本模块将着重介绍安防技术人员在施工过程中所参照的规范以及工程经验，将前面模块所学的理论知识与具体施工过程相结合，极大地丰富从业人员的项目实施经验。

单元14　监控系统的施工要求

学习目标：

1. 了解监控系统工程施工的基本要求和规范。
2. 能够按照工程施工要求和规范开展工作。

重点难点：

监控系统工程施工的基本要求和规范。

14.1　对施工人员的要求

① 遵守国家法律，无犯罪历史。

② 严守工程保密制度。

③ 接受施工主管部门的管理。

④ 主要施工人员必须持有施工资格证书，或具备相应专业知识及技能，并有三年以上施工经验。

14.2　工程施工要求

1. 施工一般要求

1）设计文件和施工图样齐全，并已会审和批准。主要包括以下图样资料：

① 系统原理图及系统接线图。

② 设备安装要求及安装图。

③ 中心控制室的设计及设备布置图。

④ 管线要求及管线敷设图。

2）施工现场必须专设一名现场工程师指导施工，并协同建设单位做好隐蔽工程的检测与验收。施工人员要熟悉施工图样及有关资料，包括工作特点、施工方案、工艺要求、施工质量标准。

3）监控系统应按设计图样进行，不得随意更改。确实需要更改时，应按程序进行审批，审批文件经双方授权人签字方可实施。

4）电视监控系统工程竣工时，施工单位应提交下列图样资料：

① 施工前所接收的全部图样资料。

② 工程竣工图。

③ 设计更改文件。

2. 施工前的准备工作

1）施工前应对建筑物和现场有关情况进行调查，包括如下几个方面：

① 室内装修是否完毕。

② 地面、墙面的预留孔洞，地槽和预埋件等是否符合设计要求。

③ 施工区域内是否能保证施工用电。

④ 使用道路及占用道路情况。

⑤ 允许同杆架设的杆路及自立杆杆路的情况。

⑥ 敷设管道电缆和直埋电缆的路由状况。

2）备料。工程施工过程中需要许多施工材料，这些材料有的需要在开工前备好，有的可以在开工过程中备好，主要有以下几种：

① 光缆、双绞线、插座、信息模块、服务器、稳压电源、交换机等落实购货厂商，并确定提货日期。

② 不同规格的塑料槽板、PVC 防火管、蛇皮管、自攻钉等布线用料到位。

③ 如果集线器是集中供电，则准备好导线、铁管和制订好电气设计安全措施（供电线路必须按民用建筑标准规范进行）。

④ 制订施工进度表（要留有适当的余地，施工过程中意想不到的事件随时可能发生，要求可以立即协调）。

施工前要对系统使用的材料、部件和设备按下列要求进行检查：

① 按照施工材料单对施工材料进行清点和分类。

② 各种部件、设备的规格、型号和数量应符合设计要求。

③ 产品外观应完整、无损伤和任何变形。

④ 有源设备应通电检查各项功能。

3）向工程单位提交开工报告。

3. 电缆敷设要求

电缆敷设总要求如下：

1）必须按图样进行敷设，施工质量应符合 GB 50217—2007《电力工程电缆设计规范》的要求。

2）施工所需要的仪器设备、工具及施工材料应提前准备就绪，施工现场有障碍物时应提前清除。

3）根据设计图样要求选配电缆，尽量避免电缆的接续，必须接续时应采取焊接方式或采用专用接插件。

4）电源电缆与信号电缆应分开敷设。

5）敷设电缆时应尽量避开恶劣环境，如高温热源和化学腐蚀区等。

6）远离高压线或大电流电缆，不易避开时应各自穿配金属管，以防干扰。

7）随建筑物施工同步敷设电缆时，应将管线敷设在建筑物体内，并按建筑设计规范选用管线材料及敷设方式。

8）在强电磁场干扰环境（如电台、电视台附近）下，应将电缆穿入金属管，并尽可能埋入地下。

9）在电磁场干扰很小的情况下，可使用PVC阻燃管。

10）电缆穿管前应将管内积水、杂物清除干净，套好护口。穿线时宜涂抹黄油或滑石粉，进入管口的电缆应保持平直，管内电缆不能有接头和扭结，穿好后应作防潮、防腐处理。

11）管线两固定点之间距离不得超过1.5m。

12）电缆应从所接设备下部穿出，并留有一定余量。

13）在地沟和顶棚内敷设的电缆必须穿管（视具体情况选用金属管和PVC阻燃管），并固定在墙上。

14）在电缆端做好标志和编号。

监控系统电缆敷设的具体要求如下：

1）电缆的弯曲半径应大于电缆直径的15倍。

2）电源线宜与信号线、控制线分开敷设。

3）室外设备连接电缆时，应从设备的下部进线。

4）电缆长度应逐盘核对，并根据设计图样上各段线路的长度来选配电缆。最好避免电缆的接续，当电缆接续时应采用专用接插件。

5）架设架空电缆时，宜将电缆吊线固定在电杆上，再用电缆挂钩把电缆卡挂在吊线上，挂钩的间距宜为0.5~0.6m。根据气候条件，每一杆档应留出余兜。

6）墙壁电缆的敷设，沿室外墙面宜采用吊挂方式；室内墙面宜采用卡子方式。墙壁电缆沿墙角转弯时，应在墙角处设转角墙担。电缆卡子的间距在水平路径上宜为0.6m，在垂直路径上宜为1m。

7）直埋电缆的埋深不得小于0.8m，并应埋在冻土层以下；紧靠电缆处应用沙土或细土覆盖，其厚度应大于0.1m，且上压一层砖石保护。通过交通要道时，应穿钢管保护，电缆应采用具有铠装的直埋电缆，不得用非直埋式电缆作直接埋地敷设。转弯地段的电缆，地面上应有电缆标志。

8）管道电缆的敷设应符合以下要求：

① 敷设管道线之前应先清刷管孔，清除毛刺。

② 管孔内预设一根镀锌铁线。

③ 穿放电缆时宜涂抹黄油或滑石粉。

④ 管口与电缆间应衬垫铅皮，铅皮应包在管口上。

⑤ 进入管孔的电缆应保持平直，并应采取防潮、防腐蚀、防鼠等处理措施。处理时有两种方式，用机械润滑油（黄油）来封或用铅皮包在管口上，选择一种即可。

⑥ 管道电缆或直埋电缆在引出地面时，均应采用钢管保护。钢管伸出地面不宜小于2.5m，埋入地下宜为0.3m~0.5m。

4. 光缆敷设要求

1）敷设光缆前，应检查光纤有无断点、压痕等损伤。

2）根据施工图样选配光缆长度，配盘时应使接头避开河沟、交通要道和其他障碍物。架空光缆的接头应设在杆旁1m以内。

3）光缆的弯曲半径不应小于光缆直径的20倍，光缆可用牵引机牵引，端头应做好技术处理，牵引力应加于加强芯上，牵引力大小不超过1470N，牵引速度宜为0.17m/s，一次牵引长度不宜超过1km。

4）光缆接头的预留长度不应小于8m。

5）光缆敷设一段后，应检查光缆有无损伤，并对光缆敷设损耗进行抽测，确认无损伤时，再进行敷设。

6）光缆接续应由受过专门训练的人员操作，接续时应用光功率计和其他仪器进行监视，使接续损耗最小，接续后应做接续保护，并安装好光缆接头护套。

7）架空光缆应在杆下设置伸缩余兜，其数量应根据所在冰凌负荷区的级别确定，对重负荷宜每杆设一个；中负荷区宜2~3根杆设一个；轻负荷区可不设，但中间不得绷紧。光缆余兜的宽度宜为1.52~2m，深度宜为0.2~0.25m。光缆端头应用塑料胶带包扎，盘成圈置于光缆预留盒中，预留盒应固定在电杆上。地下光缆引上电杆，必须采用钢管保护。在有冰凌负荷的地区，可依据表14-1分级别。

表14-1 冰凌负荷区级别划分

负荷区级别	轻负荷区	中负荷区	重负荷区
导线上冰凌上等效厚度/mm	≤5	≤10	≤15

8）架空光缆时，电杆间距应在30~50m内，钢丝绳应在8芯以上，满足10~15年使用寿命。拉钩间距应为0.5~0.8m之间。在桥上敷设光缆时，宜采用牵引机终点牵引和人工辅助牵引。光缆在电缆槽内敷设不应过紧；当遇桥身伸缩接口处时应做3~5个“S”形弯，并每处宜预留0.5m。当穿越铁路桥面时，应外加金属管保护。光缆垂直走道时，应固定在支持物上。

9）管道光缆敷设时，无接头的光缆在直道上敷设应由人工逐个孔同步穿引。预先做好接头的光缆，其接头部分不得在管道内穿行；光缆端头应用塑料胶带包扎，盘成圈置于托架高处。

10）光缆敷设完毕时，需测量通道的总损耗，并用光时域反射计观察光纤通道全程波导衰减特性曲线。

11）光缆的接续点盒终端应做永久性标志。

5. 前端设备安装要求

（1）一般要求

1）按安装图样进行安装。

2）安装前应对所装设备通电检查。

3）安装质量应符合GB 50150—2006《电气装置安装工程　电气设备交接试验标准》的

要求。

（2）支架、云台的安装

1）检查云台转动是否平稳、刹车是否有回程等现象，确认无误后，根据设计要求锁定云台转动的起点和终点。

2）支架与建筑物、支架与云台均应牢固安装。所接电源线及控制线接出端应固定，且留有一定的余量，以不影响云台的转动为宜。安装高度以满足防范要求为原则。

（3）解码器的安装

解码器应牢固安装在建筑物上，不能倾斜，不能影响云台（摄像机）的转动。

（4）摄像机的安装

1）安装前应对摄像机进行检测和调整，使摄像机处于正常工作状态。

2）摄像机应牢固地安装在云台上，所留尾线长度以不影响云台（摄像机）转动为宜，尾线须加保护措施。

3）摄像机安装应牢靠、稳固。

4）摄像机转动过程中应尽可能避免逆光摄像。

5）室外摄像机若明显高于周围建筑物时，应加避雷措施。

6）在高压带电设备附近架设摄像机时，应根据带电设备的要求，确定安全距离。

7）在搬动、安装摄像机过程中，不得打开摄像机镜头盖。

8）从摄像机引出的电缆宜留有1m的余量，不得影响摄像机的转动。摄像机的电缆和电源线均应固定，不得用插头承受电缆的自重。

9）安装固定摄像机时，先对摄像机进行初步安装，经通电试看、细调、检查各项功能，观察监视区域的覆盖范围和图像质量，符合要求后方可固定。

6. 中心控制设备的安装

（1）监控室内设备安装的一般要求

1）监视器应端正、平稳地安装在监视器机柜上，监视器机柜应具有良好的通风散热环境。

2）主监视器距监控人员的距离应为主监视器荧光屏对角线长度的4~6倍。

3）避免日光或人工光源直射荧光屏；荧光表面背景光照度不得高于100lx。

4）监视器机柜的背面与侧面距墙不应小于0.8m。

5）控制台应端正、平衡安装，机柜内设备应安装牢固，安装所用的螺钉、垫片、弹簧、垫圈等均应按要求装好，不得遗漏。

6）控制台或机柜内的插件设备均应接触可靠、安装牢固，无扭曲、脱落现象。

7）监控室内的所有引线均应根据监视器、控制设备的位置设置电缆槽和进线孔。

8）所有引线在与设备连接时，均要留有余量，并做永久性标志，以便维修和管理。

9）各种电缆和控制线插头的装设应符合产品生产厂商的要求。

（2）监控室施工的具体要求

1）机架安装应符合以下要求：

① 机架安装位置应符合设计要求，当有困难时可根据电缆地槽和接线盒位置做适当调整。

② 机架的底座应与地面固定。

③ 机架安装应竖直平稳，垂直偏差不得超过1%。

④ 几个机架并排在一起，面板应在同一平面上并与基准线平行，前后偏差不得大于3mm；对于相互之间有一定间隔而排成一列的设备，其面板前后偏差不得大于5mm。

⑤ 机架内的设备、部件的安装，应在机架定位完毕并加固后进行，安装在机架内的设备应牢固、端正。

⑥ 机架上的固定螺钉、垫片盒弹簧垫圈均应按要求紧固，不得遗漏。

2）控制台安装应符合以下要求：

① 控制台位置应符合设计要求。

② 控制台应垂直安放，台面水平。

③ 附件完整、无损伤、螺钉紧固、台面整洁无划痕。

④ 台内接插件和设备接触应可靠，安装应牢固，内部接线应符合设计要求，无扭曲脱落现象。

3）监控室内电缆的敷设应符合以下要求：

① 采用地槽或墙槽时，电缆应从机架、控制台底部引入，将电缆顺着所盘方向理直，按电缆的排列次序放入槽内；拐弯处应符合电缆曲率半径要求。

② 电缆离开机架和控制台时，应在距起弯点10mm处绑扎成捆，根据电缆的数量每隔100～200mm绑扎一次。

③ 采用架槽时，架槽宜每隔一定距离留出线口。电缆由出线口从机架上方引入，在引入机架时应绑扎成捆。

④ 采用电缆走道时，电缆应从机架上方引入，并应在每个梯铁上进行绑扎。

⑤ 采用活动地板时，电缆在地板下可灵活布放，并应顺直无扭绞；在引入机架和控制台处还应绑扎成捆。

4）监控室内光缆的敷设，光端机上的光缆宜预留10m；剩余光缆盘成圈后应妥善放置，光缆至光端机的光纤连接器的耦合工艺应严格按有关要求进行。

5）监视器的安装应符合以下要求：

① 监视器可装设在固定的机架上，也可装设在控制台操作柜上；当装在柜内时，应采取通风散热措施。

② 监视器的安装位置应使屏幕不受外来光直射；当有不可避免的光时，应加遮光罩遮挡。

③ 监视器的外部可调节部分，应暴露在便于操作的位置，可加护盖。

7. 供电与接地

（1）供电与接地的一般要求

1）测量所有接地电阻，必须达到设计要求。达不到要求时，可在接地极回填土中加入无腐蚀性的长效降阻剂或更换接地装置。

2）系统的防雷接地安装应严格按设计要求施工。接地安装最好配合土建施工同时进行。

（2）供电与接地的具体要求

1）摄像机采用集中供电；当供电线与控制线合用多芯线时，多芯线与电缆可一起敷设。

2）应对所有接地极的接地电阻进行测量；经测量达不到设计要求时，应按一般要求去做；当仍达不到要求时，应经过设计单位的同意，更换接地装置。

3）监控室内接地母线的路由、规格应符合设计要求，施工时应符合下列规定：

① 接地母线的表面应完整，无明显损伤和残余焊剂渣；铜线母线光滑无毛刺；绝缘线的绝缘层不得有老化龟裂现象。

② 接地母线应敷设在地槽或电缆走道中央，并固定在架槽的外侧；母线应平整，不得有歪斜、弯曲；母线与机架或机顶的连接应牢固、端正。

③ 电缆走道上的铜带母线可采用螺钉固定；电缆走道上的铜绞线母线应绑扎在横档上。

单元小结

本单元介绍了监控系统的施工要求，主要包括对人员的要求和施工工艺的要求。其中重点为对系统各部分的施工工艺的要求，主要包括工程材料准备要求、线缆敷设要求、前端设备安装要求、中心控制设备安装要求、供电与接地要求等。

习 题

总结监控系统电缆敷设的要求。

单元 15　报警系统的施工要求

学习目标:

1. 了解报警系统工程施工的基本要求和规范。
2. 能够按照工程施工要求和规范开展工作。

重点难点:

报警系统工程施工的基本要求和规范。

15.1　整体要求

1）报警系统施工现场必须设一名现场工程师，指导施工进行，并协同建设单位做好施工中隐蔽工程的检测与验收。

2）报警系统施工前应具备下列图样资料：

① 探测器布防平面图、中心设备布置图、系统原理及系统连接图。

② 管线要求及管线敷设图。

③ 设备、器材安装要求及安装图。

3）报警系统应按图样进行，不得随意更改。

4）报警系统竣工时，施工单位提交以下图样资料：

① 施工前全部图样资料。

② 工程竣工图。

③ 设计更改文件。

④ 检测记录，包括绝缘电阻、接地电阻等测试数据。

⑤ 隐蔽工程的验收记录。

15.2　报警设备的安装要求

15.2.1　安装入侵探测器

1）安装入侵探测器要注意以下操作步骤：

① 探测器安装前要通电检查其工作状态。

② 探测器的安装应符合 GB 50168—2006《电气装置安装工程电缆线路施工及验收规范》的要求。

③ 探测器的安装应按设计要求及设计图样进行。

2）室内被动红外探测器的安装要求如下：

① 壁挂式被动红外探测器应安装在与可能入侵方向成90°的方位，高度2.2m左右，并视防范具体情况确定探测器与墙壁的倾角。

② 吸顶式被动红外探测器一般安装在重点防范部位上方附近的顶棚上，必须水平安装，当顶棚过高时，应选择支架安装。

③ 楼道式被动红外探测器一定要安装牢固，不允许安装在暖气片、电加热器、火炉等热源正上方；不准正对空调器、换气扇等物体；不准正对防范区内和可能移动的物体；防止光线直射探测器；探测器正前方不准有遮挡物。

3）主动红外探测器的安装要求如下：

① 安装牢固，发射机与接收机对准，使探测效果最佳。

② 发射机与接收机之间不能有遮挡物。

③ 利用反射镜辅助警戒，使警戒距离比对射时的警戒距离要短。

④ 安装过程中注意保护透镜。

4）声控-振动双技术玻璃破碎探测器的安装要求如下：

① 探测器必须牢固地安装在玻璃附近的墙壁或顶棚上。

② 不能安装在被保护玻璃上方的窗帘盒上方。

③ 安装后应用玻璃破碎仿真器精心调试灵敏度。

5）磁开关探测器的安装要求如下：

① 探测器应牢固地安装在被警戒的门窗上，距门窗拉手的距离为150mm。

② 舌簧管安装在固定的门框、窗框上，磁铁安装在活动门窗上，两者对准，间距在0.5m左右。

③ 安装时要避免猛烈冲击，以防舌簧管破裂。

6）电缆式振动探测器的安装要求如下：

① 在网状围栏上安装时，需将信号处理器（接口盒）固定在栅栏的桩柱上，电缆敷设在栅网2/3高度处。

② 敷设振动电缆时，应每隔20cm固定一次，每隔10m做一半径为8cm左右的环。

③ 若警戒周界需要越过大门时，可将电缆穿入金属管中，埋入地下1m深度。

④ 施工中不得过力牵拉和扭结电缆，淡蓝外皮不可破坏，电缆末端处理应符合GB 50168—2006《电气装置安装工程电缆线路施工及验收规范》的要求，并加防潮处理。

7）电动式探测器的安装要求如下：

① 远离振源和可能产生振动的物体，如室内要远离电冰箱，室外不要安装在树下。

② 电动式探测器通常安装在可能发生入侵的墙壁、地面或保险柜上，探测器中传感器振动方向尽量与入侵可能引起的振动方向一致，并牢固连接。

③ 埋在地下时，需埋10cm深，并将周围松土砸实。

15.2.2 安装报警控制器

1）报警控制器的安装应符合GB 50168—2006《电气装置安装工程电缆线路施工及验收规范》的要求。

2）报警控制器安装在墙上时，其底边距地面高度不应小于1.5m，正面应有足够的活动空间。

3）报警控制器必须安装牢固、端正。安装在松质墙上时，应采取加固措施。

4）引入报警控制器的电缆或导线应符合下列要求：

① 配线应排列整齐，不准交叉，并应固定牢固。

② 引线端均应编号，所编序号应与图样一致，且字迹清晰不易褪色。

③ 端子板接线端的接线不得超过两根。

④ 电缆芯和导线留有不小于20cm的余量。

⑤ 导线应绑扎成束。

⑥ 导线引入线管时，在进线管处应用机械润滑油封堵管口。

5）报警控制器应牢固接地，接地电阻应小于4Ω（采用联合接地装置时，接地电阻应小于1Ω）。接地应有明显标志。

学生实训21　报警系统的施工要求

1. 实训内容

1）学习施工要求，以小组为单位进行讨论。

2）教师根据实际工程设置问题，学生思考并回答教师的提问。

3）根据所学检验实际防盗报警系统的施工是否符合要求。

2. 实训设备

实际的防盗报警系统。

3. 实训要求

学生认真学习施工要求，把理论和实践联系起来。根据实际工程案例，解决实际工程问题。这部分要求学生的统筹综合思维能力强，灵活运用知识能力强。重点培养学生的实际工作经验和工作能力。

单元小结

本单元介绍了防盗报警系统的施工要求。防盗报警系统的主要设备为探测器和报警主机，在施工过程中，除遵守布线规范和工程流程规范外，还应严格遵守不同种类探测器的安装要求，做到探测器安装前要通电检查其工作状态，安装探测器时应符合GB 50168—2006《电气装置安装工程电缆线路施工及验收规范》的要求，并按照设计图样的布点位置进行安装。

习　题

1. 总结安装红外探测器的要求。
2. 安装报警控制器的要求有哪些？

模块 6　系统调试和系统验收

系统调试是工程技术人员的最后一项工作，系统验收是工程的最后一道工序。本单元将以监控系统为例，介绍系统调试和验收的程序和要求。

单元 16　系统的调试

学习目标：

1. 了解系统调试的一般要求和相关工作。
2. 掌握系统调试的基本步骤和方法。

重点难点：

系统调试的基本步骤和方法。

系统调试应遵从由小到大、由部分到整体、先断电后带电调试的整体原则。

1. 一般要求

1）监控系统调试应在建筑物内装修和系统施工结束后进行。

2）监控系统调试前应具备施工时的图样资料和设计变更文件以及隐蔽工程的检测与验收资料等。

3）调试负责人必须具有中级以上专业技术职称，并由熟悉该系统的工程技术人员担任。

4）具备调试所用的仪器设备，且这些设备符合计量要求。

5）检查施工质量，做好与施工队伍的交接。

2. 调试前的准备工作

1）电源检测。接通控制台总电源开关，检测交流电源电压；检查稳压电源上电压表读数；合上分电源开关，检测各输出端电压、直流输出极性等，确认无误后，给每一回路通电。

2）线路检查。检查各种接线是否正确。用 250V 兆欧表对控制电缆进行测量，线芯与线芯、线芯与地绝缘电阻不应小于 0.5MΩ；用 500V 兆欧表对电源电缆进行测量，其线芯与线芯、线芯与地绝缘电阻不应小于 0.5MΩ。

3）接地电阻测量。监控系统中的金属护管、电缆桥架、金属线槽、配线钢管和各种设备的金属外壳均应与地连接，保证可靠地电气通路。系统接地电阻应小于 4Ω。

3. 摄像机的调试

1）闭合控制台和监视器的电源开关，若设备指示灯亮，即可闭合摄像机电源，监视器屏幕上便会显示图像。

2）调节光圈（电动光圈镜头）及聚焦，使图像清晰。

3）改变变焦镜头的焦距，并观察变焦过程中图像的清晰度。

4）遥控云台，若摄像机静止和旋转过程中图像的清晰度变化不大，则认为摄像机工作正常。

4. 云台的调试

1）遥控云台，使其上下左右转动到位，若转动过程中无噪声（噪声应小于 50dB）、无抖动、电动机不发热，则视为正常。

2）在云台大幅度转动时，如遇以下情况应及时处理：

① 摄像机、云台的尾线被拉紧。

② 转动过程中有阻挡物，如解码器、对讲机、探测器等是否阻挡了摄像机的转动。

③ 重点监视部位有无逆光摄像情况。

5. 系统调试

1）在单机设备调试完成后进行系统调试。

2）按设计图样对每台摄像机编号。

3）检查系统的联动性能。

4）检查系统的录像质量。

5）在现场允许、建设单位同意的情况卜，改变灯光的位置和亮度，以提高图像质量。

6）在系统各项指标达到设计要求后，可将系统连续开机 24h，若无异常则调试结束。

6. 填写调试报告

调试报告的一般格式见表 16-1。

表 16-1　调试报告

工程名称				工程地址			
建设单位				联系人		电话	
调试单位				联系人		电话	
施工单位				联系人		电话	
设计单位				联系人		电话	
工程主要设备	设备名称	型号	数量	生产厂家	出厂日期	编号	备注
施工有无遗留问题							

（续）

调试情况记录			
调试负责人（签字）		建设单位负责人（签字）	
施工单位负责人（签字）		建设单位负责人（签字）	

学生实训22　系统调试

1. 实训内容

1）在教师指导下，学生可进行角色扮演对实际监控系统进行部分调试，如摄像机部分。

2）教师根据实际工程设置问题，学生思考并回答教师的提问。

3）学生可根据自己的角色，完成一部分系统的调试，并填写表16-1，熟悉系统调试的过程。

2. 实训设备

实际监控系统。

3. 实训要求

学生在进行调试学习中，不仅要注重各个设备的调试，还要注重整体系统的调试。调试工作需要耐心和细心，考虑周全。

单元小结

系统调试是系统建设过程中工程技术人员的最后一项工作，也是确保系统正常运行的必备工作。系统调试应遵从由小到大、由部分到整体、先断电后带电调试的整体原则。调试工作应由具有中级以上职称的技术人员担任，并按规范要求使用合格的工具、设备。调试完成后应如实填写调试报告，并做好与使用单位或人员的交接。

习　题

1. 摄像机的调试都有哪些工作？
2. 怎样填写调试报告？

单元17　系统的验收

学习目标：

1. 了解系统验收的一般规定。
2. 掌握系统验收的基本程序和内容。
3. 能独立或协助他人完成系统验收工作。

重点难点：

系统验收的基本程序。

17.1　系统验收的一般规定

1）工程结束时，施工单位、建设方、监理方应进行预检和预验。当各项子工程均符合要求时，再进行正式的验收。

2）系统的工程验收应由工程的设计、施工、建设单位和本地区的系统管理部门的代表组成验收小组按竣工图样进行。验收时应做好记录，签署验收证书，并应立卷归档。

3）各工程单元验收合格后，方可交付使用。当验收不合格时，应由设计、施工单位返修，直到合格后，再行验收。

4）系统的工程验收应包括以下内容：系统工程的施工质量；系统质量的主观评价；系统质量的客观测试；图样、资料的移交。

17.2　系统工程的施工质量验收

1）系统的施工质量应按施工要求进行验收，检查的单元和内容应符合表17-1的规定。

表17-1　施工质量检查单元和内容

单　元	内　容	抽查百分数（%）
摄像机	1. 设备位置，视野范围 2. 安装质量 3. 镜头、防护套、支承装置、云台安装质量与紧固情况	10～15（10台以下摄像机至少验收1～2台）
	4. 通电试验	100
监视器	1. 安装位置 2. 设置条件 3. 通电试验	100

（续）

单　　元	内　　容	抽查百分数（%）
控制设备	1. 安装质量 2. 遥控内同与切换路数 3. 通电试验	100
其他设备	1. 安装位置与安装质量 2. 通电试验	100
控制台与支架	1. 安装垂直水平度 2. 设备安装位置 3. 布线质量 4. 穿孔、连接处接触情况 5. 开关、按钮灵活情况 6. 通电情况	100
电（光）缆敷设	1. 敷设与布线 2. 电缆排列位置、布防和绑扎质量 3. 地沟、走道支铁吊架的安装质量 4. 埋设深度及架设质量 5. 焊接及插接头的安装质量 6. 接线盒接线质量	30
接地	1. 接地材料 2. 接地线焊接质量 3. 接地电阻	100

2）建设单位应对隐蔽工程进行随工验收。凡经过验收合格的办理验收签证，在进行竣工验收时，可不必再进行检验。如果验收小组认为有必要，可进行复检。

17.3　系统质量的主观评价

系统质量的主观评价应符合下列规定：

1）图像质量的主观评价可采用 5 级损伤制评定，5 级损伤制评分分级应符合表 17-2 的规定。

表 17-2　5 级损伤制评分分级

图像质量损伤的主观评价	评 分 等 级
图像上不觉察有损伤或干扰存在	5
图像上有可觉察的损伤或干扰，但并不令人讨厌	4
图像上有明显的损伤或干扰，令人感到讨厌	3
图像上损伤或干扰较严重，令人相当讨厌	2
图像上损伤或干扰极严重，不能观看	1

2）图像质量的主观评价单元应符合表 17-3 中的规定。

表 17-3 图像质量的主观评价单元

单　元	损伤的主观评价现象
随机信噪比	噪波，即“雪花干扰”
单项干扰	图像中纵、斜、人字形或波浪状的条纹，即“网纹”
电源干扰	图像中上下移动的黑白间置的水平横条，即“黑白滚道”
脉冲干扰	图像中不规则的闪烁、黑白麻点或“跳动”

3）依据国家标准 GB/T 7401—1987《彩色电视图像质量主观评价方法》按 5 级评分制评定，各主观评价单元的得分值均不应低于 4 分，具体如下：

① 主观评价应在摄像机标准照度下进行。

② 主观评价应采用符合国家标准的监视器，黑白电视监视器的水平清晰度应高于 400 线；彩色电视监视器的水平清晰度应高于 270 线。

③ 观看距离应为荧光屏高度的 6 倍，光纤柔和。

④ 评价人员不应少于 5 名，并应包括专业和非专业人员。

17.4 系统质量的客观测试

1）系统质量的客观测试应在摄像机标准照度下进行，测试所用的仪器应具有计量合格证书。

2）系统清晰度、灰度可用综合测试卡进行抽测，抽查数不宜小于 10%。

3）当对主观评价的分级有争议时，可用仪器对系统的随机信噪比及各种信号的干扰进行测试，其指标应符合 GA 308—2001《安全防范系统验收规则》的规定。

4）对系统的各项功能进行检测，其功能指标应符合设计要求。

17.5 竣工验收文件

在系统的工程竣工验收前，施工单位应按下列内容编制竣工验收文件一式三份交建设单位，其中一份由建设单位签收盖章后，退还施工单位存档。

1）工程设计说明书。

2）综合系统图。

3）线槽、管道布线图。

4）设备配置图。

5）设备连接系统图。

6）设备概要说明书。

7）设备器材一览表。

8）主观评价表。

9）客观测试表。

10）测试仪器测试的数据表。

11）施工质量验收记录。

竣工验收文件应保证质量，做到内容齐全、标记详细、抄写清楚、数据准确、互相对应。

17.6 正式验收的一般程序

1）听取施工单位报告工程单元的建设情况、自验情况及竣工情况。

2）听取监理方报告工程监理内容和监理情况以及对工程竣工的意见。

3）组织验收小组全体人员进行现场检查。

4）验收小组对关键问题进行抽样复核和审查资料。

5）验收小组对工程进行全面评价并做出鉴定。

6）进行工程质量等级评定。

7）办理验收资料的移交手续。

8）办理工程移交手续。

学生实训23 系统验收

1. 实训内容

1）在教师指导下，模拟系统验收过程。

2）教师根据实际工程设置问题，学生思考并回答教师的提问。

2. 实训设备

实际监控系统。

3. 实训要求

学生要充分发挥主观能动性，对实际系统给出正确恰当的评价。在验收时，切忌武断，要根据要求给出客观的评价。培养学生良好的岗位作风。

单元小结

系统验收是安防工程的最后环节。工程结束时，施工单位、建设方、监理方应进行预检和预验，当各项子工程均符合要求时，再进行正式的验收。系统验收应由工程的设计、施工、建设单位和本地区的系统管理部门的代表组成验收小组按竣工图样进行。验收时应做好记录，签署验收证书，并应立卷归档。各工程单元验收合格后，方可交付使用。当验收不合格时，应由设计、施工单位返修，直到合格后，再行验收。系统的工程验收应包括以下内容：系统工程的施工质量；系统质量的主观评价；系统质量的客观测试；图样、资料的移交。

习 题

1. 验收时需要准备哪些文件？
2. 验收的程序是怎样的？

模块 7　系统常见故障及解决方法

在安防系统进入调试阶段、试运行阶段以及交付使用后，都有可能出现这样或那样的故障现象，这些故障现象或是不能正常运行，或是系统达不到设计要求的技术指标，或是整体性能和质量不理想，出现所谓的一些“软毛病”。这些问题对于一个工程单元，特别是一个复杂的、大型的工程来说是在所难免的。出现问题后，设法解决这些问题，是工程技术人员的义务和责任。

单元 18　监控系统常见故障及解决方法

学习目标：

1. 了解监控系统的常见故障。
2. 掌握判断、排除故障的基本方法。

重点难点：

判断、排除故障的基本方法。

在一个监控系统中，问题的出现多发生在调试和试运行阶段。已经通过试运行并验收交付使用的系统，一般来说短时期内不应该出现问题。即使投入使用的系统出现了问题，往往也是发生在设备质量或施工质量（特别是传输部分的施工质量）方面。下面提供一些较为常见的故障和解决方法，作为参考。

18.1　设备故障及解决方法

在设备或部件安装之前均应按要求进行调试、通电试验等工作。但尽管如此，由于安装过程中的某些原因，造成设备（或部件）出现问题也是常见的。

1）电源不正确引发的设备故障。电源不正确大致有如下几种可能：供电线路或供电电压不正确、功率不够（或某一路供电线路的线径不够，降压过大等）、供电系统的传输线路出现短路、断路、瞬间过电压等。特别是因供电错误或瞬间过电压导致设备损坏的情况时有发生。

2）由于某些线路，特别是与设备相接的线路处理不好，产生断路、短路、线间绝缘不良、误接线等故障导致设备或部件的损坏、性能下降。

由于某些设备（如带三可变镜头的摄像机及云台）的连线有很多条，往往处理不好，就会出现上述问题。特别是某些接插件的质量不良、连线的工艺不好，更是出现问题的常见原因。在这种情况下，应根据故障现象冷静地进行分析，判断在若干条线路上是由于哪些线路的连接有问题才产生该种故障现象。这样就会把出现问题的范围缩小。例如，一台带三可变镜头的摄像机图像信号是正常的，但镜头无法控制，就不必再检查视频输出线，而只要检查镜头控制线就行了。另外，接插件方面，特别是 BNC 型接头，对焊接工艺、视频电缆的连接安装工艺要求都非常高，如处理不当，即使调试和试运行阶段没有出现问题，但运行一段后就会出现问题。特别值得指出的是，带云台的摄像机由于全方位的运动，时间长了，导致连线的脱落、挣断是常见的。因此，要特别注意这种情况的设备与各种线路的连接应符合长时间运转的要求。

3）设备或部件本身的质量问题。一般来说，经过认真选择的已商品化的设备或部件是不应该出现质量问题的。即使出现问题，也往往发生在系统已交付使用并运行了相当长时间之后。

除了上面所说的产品自身质量问题外，最常见的是由于对设备调整不当产生的问题。例如摄像机后焦距的调整是要求非常细致、精确的工作。如不认真调整，就会出现聚焦不好或在三可变镜头的各种操作时发生散焦等问题。另外摄像机上一些开关和调整旋钮的位置是否正确、是否符合系统的技术要求、解码器编码开关或其他可调部位设置的正确与否都会直接影响设备本身的正常使用或影响整个系统的正常性能。

4）设备（或部件）与设备（或部件）之间的连接不正确产生的问题。这方面的问题，大致会发生在以下几个方面：

① 阻抗不匹配，如视频接在一个阻抗为高阻的监视器上，就会出现图像很亮、字符抖动或出现字符时有时无。

② 通信接口或通信方式不对。这种情况往往发生在控制主机与解码器或控制键盘等有通信控制关系的设备之间。这多半是由于选用的控制主机与解码器或控制键盘等不是一个厂家的产品所造成的。一般来说，不同的厂家所采用的通信方式或传输的控制码是不同的。所以，对于主机、解码器、控制键盘等应选用同一厂家的产品，或采用相匹配、相兼容的产品。

③ 驱动能力不够或超出规定的设备连接数量。例如，控制主机所对应的主控键盘和副控键的数量是有规定的，超过规定数量后将导致系统不能正常工作；若解码器云台工作电源功率比实际云台低，则无法驱动云台。

18.2 传输系统故障及解决方法

电视监控中的传输系统主要还是以视频传输为主。下面就视频传输方式下出现的故障现象进行分析并提出一些解决方法。

1）视频传输中，最常见的故障现象是 50Hz 的工频干扰。表现形式是在监视器的画面上出现了一条黑杠或白杠，并且向上或向下慢慢滚动。这种现象多半是由系统产生了地环路而引入了 50Hz 的工频干扰（交流电的干扰）所造成的。

需要一提的是，有时由于摄像机或控制主机（矩阵切换器）的电源性能不良（或局部损坏）也会出现这种故障现象（有时也会出现二条黑杠或白杠），因此，在分析这类故障现象时，要分清产生故障的两种不同原因。

要分清是电源的问题还是地环路的问题，一种简易的方法是，在控制主机上，就近只接入一台电源没有问题的摄像机输出信号，如果在监视器上没有出现上述的干扰现象，则说明控制主机无问题。接下来可用一台便携式监视器就近接在前端摄像机的视频输出端，并对摄像机逐个查看，以便查找是否有因电源出现问题而造成干扰的摄像机。如有，则进行处理。如无，则干扰是由地环路等其他原因造成的。

2）监视器上出现木纹状的干扰。这种干扰的出现，轻微时不会淹没正常图像，而严重时图像就无法观看了（甚至破坏同步）。这种故障现象产生的原因较多也较复杂，大致有如下几种原因：

① 视频传输线的质量不好，特别是屏蔽性能差（屏蔽网不是质量很好的铜线网，或屏蔽网过稀而起不到屏蔽作用）。与此同时，这类视频电缆的线电阻过大，因而造成信号产生较大衰减也是加重故障的原因。此外，这类视频电缆的特性阻抗不是 75Ω 以及分布参数超出规定也是产生故障的原因之一。

这种故障原因很难判断，而且判断后由于已施工完毕（布线已完毕），故难以用换线等办法解决。因此，选用符合标准和要求的视频电缆是必须事先保证的。决不能因考虑省钱而购买质量差的视频电缆，否则后患无穷。

由于上述的干扰现象不一定就是由视频电缆不良而产生的故障，所以判断要准确和慎重。只有当排除了其他可能后，才能从视频电缆不良的角度去考虑。判断的方法是，在排除其他可能造成这种故障的原因之后，有条件的话，把剩余的这种视频电缆（如无剩余，则只好在系统中截取一段这样的电缆）送到检验部门去检测。检测结果不合格时，则可确定是电缆质量问题。如果真是电缆质量问题，最好的办法当然是把所有的这种电缆全部换掉，换成符合要求的电缆，这是彻底解决问题的最好办法。

在干扰不十分严重的情况下，可以试着采取通过净化电源，通过 UPS 向整个系统供电的方式，往往能减轻或基本消除干扰。但这种方法有时会因系统周围空间信号情况的不同而效果不明显或有时管用、有时不管用。

② 由于供电系统的电源不“洁净”而引起的。这里所指的电源不“洁净”，是指在正常的电源（50Hz 的正弦波）上叠加有干扰信号。而这种电源上的干扰信号，多来自本电网中使用晶闸管的设备。特别是大电流、高电压的晶闸管设备，对电网的污染非常严重，这就导致了同一电网中的电源不“洁净”。比如本电网中有大功率晶闸管调频调速装置、晶闸管整流装置、晶闸管交直流变换装置等，都会对电源产生污染。

这种情况的解决方法比较简单，只要对整个系统采用净化电源或 UPS 供电就基本上可以得到解决。

③ 系统附近有很强的干扰源。这可以通过调查和了解加以判断。如果属于这种原因，解决的办法是加强摄像机的屏蔽以及对视频电缆线的管道进行接地处理等。由于视频电缆的芯线与屏蔽网短路、断路造成的故障，在监视器上则会产生较深较乱的大面积网纹干扰，以至图像全部被破坏，形不成图像和同步信号。这种情况多出现在 BNC 接头或其他类型的视频接头上，只要认真逐个检查这些接头，就可以解决问题。

这类故障现象还有一点是容易判断的，即这种故障现象出现时，往往不会是整个系统的各路信号均出问题，而仅仅出现在那些接头不好的线路上。

3）由于传输线的特性阻抗不匹配引起的故障现象。这种现象的表现形式是在监视器的画面上产生若干条间距相等的竖条干扰，干扰信号的频率基本上是行频的整数倍。这是由于视频传输线的特性阻抗不是75Ω，而导致阻抗失配造成的。如果用示波器观看被干扰图像的波形时，会发现在行同步信号的后肩上，叠加有幅度较高的行频谐波振荡波形，干扰就是由此引起的。通过对波形的分析和对视频电缆的定量测量，还会发现这种阻抗不符合要求的视频电缆，其分布参数也是不符合要求的，实际上这也是阻抗失配的原因之一。因此，也可以说，产生这种干扰现象是由视频电缆的特性阻抗和分布参数都不符合要求综合引起的。这种问题的解决一般靠“始端串联电阻”或“终端并联电阻”的方法去解决。这里值得注意的是，在视频传输距离很短时（一般为150m以内），使用上述阻抗失配和分布参数过大的视频电缆不一定会出现上述的干扰现象。因此，在一个传输距离远近相差很大的系统中，分析这种故障现象时不要受到短距离无干扰的迷惑。

解决上述问题的根本办法是在选购视频电缆时，一定要保证质量，必要时应对电缆进行抽样检测。

4）由于传输线引入的空间辐射干扰。

这种干扰现象的产生，多半是因为在传输系统、系统前端或中心控制室附近有较强的、频率较高的空间辐射源。这种情况的解决办法一个是在系统建立时，应对周边环境有所了解，尽量设法避开或远离辐射源；另一个办法是当无法避开辐射源时，对前端及中心设备加强屏蔽，对传输线的管路采用钢管并良好接地。

18.3　其他故障现象

1）云台的故障。一个云台在使用后不久就运转不灵或根本不能转动是云台常见的故障。这种情况的出现除去产品质量的因素外，主要是以下各种原因造成的：

① 只允许将摄像机正装（即摄像机坐在云台转台的上部）的云台，在使用时采用了吊装的方式（即将摄像机装在云台转台的下方）。在这种情况下，吊装方式导致了云台运转负荷加大，故使用不久就会导致云台的传动机构损坏，甚至烧毁电动机。

② 摄像机及其防护罩的总重量超过云台的承重，特别是室外使用的云台，往往防护罩的重量过大，常会出现云台转不动（特别是垂直方向转不动）的问题。

③ 室外云台因环境温度过高、过低、防水、防冻措施不良而出现故障甚至损坏。

2）距离过远时，操作键盘无法通过解码器对摄像机（包括镜头）和云台进行遥控。这主要是因为距离过远时，控制信号衰减太大，解码器接收到的控制信号太弱引起的。这时应该在一定的距离上加装中继盒以放大、整形控制信号。

3）监视器的图像对比度太小、图像淡。这种现象如不是控制主机及监视器本身的问题，就是传输距离过远或视频传输线衰减太大。在这种情况下，应加入线路放大和补偿的装置。

4）图像清晰度不高、细节部分丢失、严重时会出现彩色信号丢失或色饱和度过小。这是由于图像信号的高频端损失过大，以致3MHz以上频率的信号基本丢失造成的。这种情况或因传输距离过远，而中间又无放大补偿装置；或因视频传输电缆分布电容过大；或因传输环节中在传输线的芯线与屏蔽线间出现了集中分布的等效电容造成的。

5）色调失真。这是在远距离的视频基带传输方式下容易出现的故障现象，主要原因是由传输线路引起的信号高频段相移过大而造成的。这种情况应加相位补偿器。

6）操作键盘失灵。这种现象在检查连线无问题时，基本上可确定为操作键盘“死机”造成的。键盘的操作说明上，一般都有解决“死机”的方法，例如“整机复位”等方式，可用此方法解决。如无法解决，就可能是键盘本身损坏了。

7）主机对图像的切换不干净。这种故障现象的表现是在选切后的画面上，叠加有其他画面的干扰，或有其他图像的行同步信号的干扰。这是因为主机的矩阵切换开关质量不良，达不到图像之间隔离度的要求所造成的。

如果采用的是射频传输系统，也可能是系统的交扰调制和相互调制过大而造成的。

8）通信不良故障。这种故障现象表现为受控的云台或电动镜头有时可正常动作，有时则不能（或延时）动作，或是动作之后停不住，这主要原因是通信线路有问题。在确认接线无误、线路无误的情况下检查解码器上 RS-485 通信终端匹配电阻（120Ω）。或断开主机接口和最远端匹配电阻，用万用表测量单个通信片的端脚直流电阻 R_D 及整个系统的通信端口的直流电阻 R_2，并与理论计算进行比较（$R_2 = R_0/n$，其中 n 为整个系统中所并接的解码器的数量），如果差异过大，则可认定是通信芯片有问题，并通过逐点排除法找到有问题的芯片。如果通信线路有很多支路，可以断开各支路来判断通信故障的大概范围。

9）数字硬盘录像机不能启动，可能存在以下几个方面的原因：

① 主机电源开关失灵。

② 主机电源损坏。

③ 主机主板或 CPU 卡坏。

④ 主系统硬盘引导区损坏，或者硬盘本身故障。

⑤ 操作系统被破坏。

对以上原因要仔细分析、逐一排除。

10）数字硬盘录像机死机（现场监看的图像定格不动或图像上叠加的时间信息不正确时），可能存在以下几个方面的原因：

① 软件问题。对于插卡式硬盘录像机，有可能是操作系统或监控软件两个方面的故障，需要重新安装操作系统或监控软件；对于嵌入式的硬盘录像机，主要是监控软件问题，需要更新或升级监控软件。

② 主机内硬盘磁盘坏道，需要对硬盘进行修复或更换硬盘。

③ 主机内电源功率不够，需更换大功率电源。

④ 主机内硬盘太多，发热量太大，引起死机。

⑤ 主机视频卡发热过大，引起死机，更换视频卡或更换主机。

一个大型的、与防盗报警联动运行的电视监控系统，是一个技术含量高、构成复杂的系统。各种故障现象虽然都有可能出现，但只要把好所选用的设备和器材的质量关，严格按标准和规范施工，一般是不会出现大问题的。即使出现问题，只要冷静分析和思考，“对症下药”，不盲目地大拆大卸，是会较快解决问题的。

单元小结

本单元介绍了监控系统常见的故障和解决方法。监控系统在使用过程中常见的故障分为设备故障和传输线路故障两大类。设备故障主要表现为摄像机、镜头、解码器故障导致设备不能受控等，故障原因多由设备调试不当引起，应重新调试设备，如正确调试后故障现象依然存在则需要更换设备。传输线路的故障较为常见，主要表现为线路与设备接线故障、电磁干扰故障、视频传输故障等。解决方法为遵守施工规范，确保线路敷设符合规范，避免或减小电磁干扰；检查线路，确保设备连接牢固；确保设备阻抗匹配。

习题

监控系统中由于传输线路的特性阻抗不匹配引起的故障现象是什么？如何解决？

单元19　门禁与防盗报警系统常见故障及解决方法

学习目标：

1. 了解门禁和防盗报警系统的常见故障。
2. 掌握判断、排除故障的基本方法。

重点难点：

判断、排除故障的基本方法。

19.1　门禁系统常见故障及解决方法

1. 门禁系统不能正常通信

解决方法如下：

1）检查串口是否设置错误，再次确认所使用的串口。

2）检查门禁通信总线是否存在短路或断路，如存在则需要排除通信线短路与断路现象。

3）检查与门禁控制器和主机相连的RS-485，如有损坏需要更换。

2. 个别门禁与主机间不能正常通信

解决方法如下：

1）检查门禁通信线是否接线有误，并进行调整。

2）检查门禁读写芯片及模块是否损坏，如确认损坏则更换读写芯片及模块。

3）检查是否门禁读写板其他部件故障，如确认损坏则更换门禁读写板。

4）检查门禁编码号是否改变，如有误需进行调整。

5）检查门禁通信总线中间是否出现断路。

6）检查是否通信线路过长或连接门禁设备过多，可加装RS-485放大器。

3. 门禁读卡后不能开门

解决方法如下：

1）检查读卡后读卡板有无电压信号输出，如无电压输出，更换读卡板输出部分电路D880及9013。

2）检查外接继电器是否损坏，如确认损坏则需更换继电器。

3）检查外接延时板是否损坏，如损坏则更换延时板。

4）检查磁力锁控制器是否损坏，如损坏则更换磁力锁控制器。

5）如果是电磁锁鸣叫，则需要增大门禁电源的功率（即更换功率大的变压器）。

6）如果读卡时红灯闪烁，则要确认门禁卡权限，更换或重新赋予门禁卡相应权限。

4. 无法读卡

解决方法如下：

1）检查门禁卡权限设置。

2）检查门禁控制器是否异常发热，必要时更换门禁主板。

3）调整读卡器微调电容，增强读卡器读卡距离。

5. 门禁蜂鸣器不停鸣叫

解决方法如下：

1）检查是否为门禁板存储参数错乱，可使门禁板电池放电并重新加载参数。

2）检查读卡板读写芯片与读写模块是否损坏，必要时更换读写芯片与读写模块。

3）检查是否读卡板芯片 DS1302 损坏，必要时更换芯片 DS1302。

4）检查是否门禁板故障，必要时更换门禁板。

19.2 防盗报警系统常见故障及解决方法

1）被动红外探测器可能出现的故障和解决方法如下：

① 老鼠等小动物在探测范围内活动时，可引起被动红外探测器接收到的红外辐射电平发生变化而产生报警状态，致使系统出现误报警。在小动物出入地方该用防宠物探头。

② 当室温或探测器附近温度接近人体温度时，被动红外探测器的灵敏度将会下降，因此也会造成系统漏报警。

③ 不能在探测器附近或对面安置或放置任何温度会快速变化的物体，如空调器、电加热器等，防止由于热气流流动引起系统的误报警，可将探头移位。

④ 红外线穿透能力很差，所以被动红外探测器前不能设置任何遮挡物，否则会造成系统漏报警。

⑤ 强电磁场干扰易引起探测器误报警，特别是距广播电台、电视台较近的用户更是如此。

⑥ 应防止任何光源直射探测器，否则系统易出现误报警。

⑦ 注意保护探测器的透光系统，避免用硬物或指甲划伤。当上面沾有灰时，可用吸耳球吹去；若用镜头纸擦去灰尘后，必须保证探测器的方向和角度与擦拭前一致。

2）磁开关探测器可能出现的故障及解决方法如下：

① 在设防区工作人员下班后务必插好门窗，否则由于门窗的晃动会导致系统误报警。

② 注意检查舌簧管和磁铁间隙（特别是换季阶段），间隙过大可能导致误报警；过小则会产生摩擦损坏舌簧管。

③ 舌簧管的触点有时会有粘接现象，此时系统易产生漏报警。应注意定期开窗检查系统工作状态，发现问题及时报告。

④ 若舌簧管触点接触不良，系统将频繁误报警，此情况说明舌簧管已坏。

⑤ 磁开关探测器附近不能有强磁场存在，以免影响磁开关探测器的正常工作。

3）主动红外探测器可能出现的故障及解决方法如下：

① 主动红外探测器在室外使用时受气候影响较大，如遇雾、雪、雨、风沙等恶劣气候

时，大气能见度下降，主动红外探测器的作用距离缩短，系统易产生误报警。遇此情况应加强警戒，确保安全。

② 主动红外探测器的灵敏度出厂时一般均已调好（通常将触发报警器的最短遮光时间设置在10^{-2}s左右），使用者不能自己调节，一旦发生灵敏度过高（易误报警）或过低（易漏报警）现象，应及时通知有关人员检修。

③ 因刮风引起树木晃动而遮挡红外光束时，易造成系统误报警。

④ 室内使用主动红外探测器时，窗帘运动易遮挡红外光束，引起系统的误报警。现场工作人员下班后务必插好窗户。

⑤ 透镜表面裸露在空气中，易受污染，需经常用镜头纸擦拭，以保证探测器正常工作。

4）声音复核装置可能出现的故障及解决方法如下：

① 声音复核装置只能配合其他探测器使用。

② 当警戒现场声学环境改变时，则要调节声音复核装置的灵敏度。如警戒区从未铺地毯到铺上较厚的地毯；从未挂窗帘到挂上较厚的窗帘；从较少货物到货物的大量增多等。

5）振动探测器可能出现的故障及解决方法如下：

① 不能将振动物体（如电冰箱等）移至装有振动探测器的防范区域，否则会引起系统的误报警。

② 在室外使用电动式振动探测器（地音探测器），特别是泥土地，在雨季（土质松软）、冬季（土质冻结）时，探测器灵敏度均明显下降，使用者应采取其他报警措施。

③ 电动式振动探测器磁铁和线圈之间易磨损，一般相隔半年要检查一次，在潮湿处使用时检查的时间间隔还要缩短。

6）微波-被动红外复合探测器可能出现的故障及解决方法如下：

① 探测器前不能有遮挡物和可能遮挡物。

② 金属或非金属家具的背后都是该探测器的探测盲区，应防止系统产生漏报警。

③ 防止小动物（如老鼠等）引起的误报警。

7）声控单技术玻璃破碎探测器可能出现的故障及解决方法如下：

① 电铃声、金属撞击等易使装有该探测器的系统产生误报警。

② 被警戒的室内声学环境有较大改变时，如挂上较厚的窗帘或堆积较高的货物，均应调节探测器的灵敏度。玻璃破碎探测器的灵敏度可用玻璃破碎仿真器调节。

8）声控-振动双技术玻璃破碎探测器可能出现的故障及解决方法是定期模拟玻璃破碎时产生的声信号和振动信号，检查探测器灵敏度；室内声学环境变化较大时应及时调节探测器灵敏度。

9）报警控制器可能出现的故障及注意事项如下：

① 入侵报警。报警控制器应能直接或间接接收来自探测器和紧急报警装置发出的报警信号，发出声光报警，并指示入侵发生的部位，此时值机人员应对信号进行处理，如监听、监视等。确认有人入侵，立即报告保安人员和公安机关以便及时出警。若确认为是误报警时，则将报警信号复位。

② 防破坏报警。

a. 短路、断路报警。传输线路被人破坏，如短路、剪断或并接其他负载时，报警控制器应立即发出声光报警信号，此报警信号直至报警原因被排除后才能实现复位。

b. 防拆报警。入侵者拆卸前端探测器时，报警控制器立即发出声光报警，这种报警不受警戒状态影响，提供全天候的防拆保护。

c. 紧急报警。紧急报警不受警戒状态影响，随时可用。例如入侵者闯入禁区时，现场工作人员可巧妙地使用紧急报警装置，报知保安人员。

d. 延时报警。可实现 0～40s 可调进入延迟及 100s 固定外出延迟报警。

e. 欠电压报警。报警控制器在电源电压等于或小于额定电压的 81% 时，应产生欠电压报警。

③ 自检功能。报警控制器有报警系统工作是否正常的自检功能，值机人员可进行手动自检和程序自检。

④ 电源转换功能。报警控制器有电源转换装置，当主电源断电时，能自动转换到机内备用电源上，按国家标准 GB 12663—2001《防盗报警控制器通用技术条件》规定：备用电源应能连续工作 24h。

⑤ 环境适应性能。报警控制器在温度为 -10～55℃、相对湿度不大于 95% 时均能正常工作。

⑥ 布防与撤防功能。当警戒现场工作人员下班后应进行布防，现场工作人员上班时应撤防。这种布防与撤防在有些报警控制器中可分区进行。

⑦ 监听功能。报警控制器均有监听功能，在不能确认报警真伪时，将“报警/监听”开关拨至监听位置，即可听到现场声音，若有连续走动、撬、拉抽屉等声音，说明确有入侵发生，应马上报知保安及公安人员以便及时出警。

⑧ 报警部位显示功能。小容量报警控制器的报警部位一般直接显示在报警器面板上（指示灯光闪烁）。大容量报警控制器配有地图显示板，其标记可按使用者意见定做。

⑨ 记录功能。大型报警控制器一般都有打印记录功能，可记下报警时间、地点和报警种类等。

⑩ 通信功能。大型报警控制器一般都留有通信接口，可直接与电话线连接，遇有紧急情况可自动拨通电话。

⑪ 联动功能。报警后，可自动启动摄像机、灯光、录像机等设备，实现报警、摄像、录像联动。

单元小结

本单元介绍了门禁与防盗报警系统的常见故障与解决方法。门禁系统的常见故障主要为通信故障和门禁系统设备的调试故障。防盗报警系统的常见故障主要为探测器故障、报警控制器故障和线路故障。探测器种类繁多，但在安装中都应该遵守安装规范和注意事项，这样才能最大限度地提高探测效率，减小误报现象，避免可能由安装不当引起的报警系统故障。报警主机故障多表现为在使用过程中的操作错误或设备连接故障，需要按照说明书正确操作并确保设备连接正确。

习　题

1. 当刷卡不能开门的时候应该如何检查排除故障？
2. 当个别门的门禁功能不能正常使用时，该如何检查并排除故障？
3. 防盗报警系统中的被动红外探测器可能出现哪些故障，如何解决？

参 考 文 献

[1] 黎连业. 智能大厦和智能小区安全防范系统的设计与实施［M］. 北京：清华大学出版社，2005.

[2] 杨磊，李峰，田艳生. 闭路电视监控系统［M］. 北京：机械工业出版社，2004.

[3] 杨磊，李峰，付龙，等. 电视监控实用技术［M］. 北京：机械工业出版社，2003.

[4] 刘晓胜，吴乐南，周爽. 智能小区系统工程技术导论［M］. 北京：电子工业出版社，2001.

[5] 黎连业，黄子河，及延辉. 网络与电视监控工程监理手册［M］. 北京：电子工业出版社，2004.

[6] 黎连业，陈建华，向东明. 综合布线系统弱电工程设计与施工技术［M］. 北京：电子工业出版社，2004.

[7] 陆伟良，等. 智能小区与智能住宅［M］. 北京：高等教育出版社，2000.